「定着する人材」育成手法の研究
―林業大学校の地域型教育モデル

全国林業改良普及協会 編

JN199815

林業改良普及双書 No.185

まえがき

林業を支える人材、とりわけ現場を担う従事者の育成は、将来を左右する課題です。幸い、全国では林業技術・技能を習得できる林業大学校や林業アカデミー（長期就業前研修）の新設が続いています。わが国の林業を支える若い人材が学ぶ環境が整いつつあります。

こうした人材育成への努力をよりよい成果に繋げるためのキーワードが「定着」ではないでしょうか。就業後短期間に離職することなく、地域の林業を担う人材へと育ってくれる「定着する人材」をどう育てるか、そしてそれを可能にする人材育成はどう進めたらいいのか。本書はこの2点をテーマに、各地の取り組み事例を引きながらその答えを求めたものです。

具体的には、林業大学校や林業アカデミーなど、就業前教育のカリキュラムの工夫です。理論や実技はもちろん、卒業後の就職への移行を円滑にする効果があるインターンシップのさまざまな工夫例です。

もう一つは、これら教育活動に対する地域支援の方法です。例えば、座学はもちろん実習・演習等の講師派遣協力、素材生産実習等のフィールド確保に対する支援、さらには長期インターンシップへの受け入れ事業所としての協力・支援などです。

もはや学校だけにはとどまらず、林業・林産業に関わるさまざまな事業者、関係団体、そして各地域自治体などが一体となって、学校＋地域の強力な連携なしには、実りある林業従事者教育は成立しないと言っても過言ではありません。

また、学生の意向と人材を求める地域林業界の意向をうまくマッチングさせ、学生にも林業事業者にも幸せをもたらす学校コーディネートの取り組みも効果を上げています。

本書では、そうした取り組みにおける様々な工夫を事例で解説しています。


本書の取りまとめに当たり、全国の林業大学校、林業アカデミー等関係者の皆様、都道府県林業普及指導事業主管課、および全国林業普及指導員の皆様にお世話になりました。

本当にありがとうございました。

平成29年1月　全国林業改良普及協会

目次

事例編3
キャップストーン研修に大きな効果
開校4年目を迎えた京都府立林業大学校　52

京都府立林業大学校教授　志方隆司

目次

事例編4
地域推薦、地元枠入学など就職・定着の工夫
島根県立農林大学校　90

取材・まとめ／**編集部**

事例編5

資料編

序 編

即戦力と定着力がなぜ育つ

－地域型教育モデルとしての林業大学校

即戦力と定着力がなぜ育つ
―地域型教育モデルとしての林業大学校

編集部

就業前教育に定着向上のカギ

本書のテーマは、就業後短期間に離職することなく、地域の林業を担う人材へと育ってくれる「定着する人材」をどう育てるか、そしてそれを可能にする地域型教育モデルの効果とは何か、の2点です。

定着を示す指標として就業3年後の離職率を全産業平均で見ると、新規高等学校卒業者の離職率は40%（2012（平成24）年3月卒業者）と、この数年わずかずつの増加傾向にあります（厚生労働省平成27年10月30日）。それを産業別に見ると、林業は集計されていませんが、製造業では27・6％、建設業では平均より高い50％となっています。

林業では、緑の雇用研修（新規就業者対象）の修了者についての推計データでは、3年後定着率は70％（離職率30％）とされ（資料：興梠克久『「緑の雇用」のすべて』）、全産業平均値（高等学校卒）よりは定着が高いものと思われます（集計データが違うので厳密な比較にはなりませんが、傾向は分かります）。

いずれにしても、業務経験を積みながら育ってきた人材が離職する（さらには林業を離れ、他業界へ移ってしまう）のは、事業所にとってはもちろん、林業界にとっても損失と言っていいでしょう。

では離職防止（定着）のためにどのような対策を講じているのでしょうか。林業を俯瞰した調査データはありませんが、全産業（中小企業・小規模事業者対象）の調査結果では、次のような取り組みが行われています。取り組みが高い順に、

・賃金の向上
・職場環境の美化・安全性の確保
・雇用の安定化

・資格取得支援
・(従業員の)興味にあった仕事・責任ある仕事の割り当て
・休暇制度の徹底
・社内セミナー
・研修制度の充実

などとなっています(資料:2015年版中小企業白書)。

こうした事業主による対策とは別に、就業前の教育訓練による人材育成で定着化を図る方法があるのではないか。それは従事者本人や事業主の双方にとって、幸せな結果をもたらすのではないか、と本書は考えます。

上記に示した定着の取り組みには、賃金や職場環境など、事業所の経営・能力評価による項目もあります。けれど、資格取得や責任ある仕事の割り当て、社外セミナー、研修制度などの対策項目は、就業前の教育・人材育成のあり方でカバーできる(そして事業主の負担も軽減する)効果があるのではないか。それを具現化しつつあるのが、全国の公的林業大学校ではないか、と考えます。その実証例を事例編で示しました。

日本の地域型教育モデルとなる可能性

本書の第2のテーマは、地域型の技術・技能教育です。ずばり言うと、他業界にとってもモデルとなるようなシステムがいま林業界で創造されつつあるのではないかという提案を含め、整理してまいります。

府県など自治体による公的林業大学設立事例が増えています（23頁表参照）。地域の林業を担う即戦力となる技術・技能教育にそれぞれの工夫を凝らし、若手人材の育成に全力を挙げているところです（事例編をご覧ください）。

育成する人材像を明確に（絞り込み）、地域性を全面に打ち出した就業前教育モデル（高等学校卒業者など対象）として評価されてもいいのではないでしょうか。

農業分野では、各地の農業大学校が実績を上げています（ただし、自営就農をメインに、農協、農業関係法人など卒業後の進路は多岐にわたっています）。では、建設業界ではどうでしょうか。事業主に雇用されて就業する形態は林業従事者と同じです。

建設業界は、いま大きな悩みを抱えています。新規高等学校卒就業者の離職率が全産業より高い傾向が続き、一方で新規高等学校卒業者など若手の入職率が下落する（製造業全体より低い）という、将来の深刻な人材不足を招きかねない状態から抜け出せていません。

建設業界の人材育成を見ると、就業前は高校（普通学科、職業学科）が専ら担い、即戦力としての教育訓練は就業後の事業主に委ねられています。すなわち、事業主が「認定職業訓練施設」に従業員を派遣して行う職業訓練です（雇用主への補助制度有り）。

ただ、このしくみでは、肝心の訓練生が集まらず、訓練内容の縮小、施設閉鎖に追い込まれる事例が後を絶たない状況と言われます。理由は、事業主が従業員を訓練施設へ派遣する余裕がなくなった、訓練内容が実用的・効果的ではない、などと分析されています。

資料：日本建設業連合会「建設技能労働者の人材確保・育成に関する提言」平成26年4月、平成21年4月。

即戦力教育は、就業前がいいのか、就業後がいいのか

建設業界の事例が教えてくれるのは、就業後に即戦力を付ける実践教育を事業主が行うスタイルの難しさ、限界です。

即戦力をもつ人材を就業前に育成してくれたらと思う事業主の声も少なからずあるのではないでしょうか。その点、林業では公的林業大学校が存在し、高校卒業者など若手を即戦力として育成し、地域の林業界へ送り出してくれます。建設業界などの「ものづくり分野」では林業大学校のような公的教育機関が必ずしも整備されているわけではありませんから、林業分野の存在が注目されます。

先に紹介した建設業界の就業後教育である認定職業訓練施設では、「訓練は短期間集中でやるのが効果的であるにも関わらず、事業主の事情に配慮した散発的かつ長期化した」という問題が指摘されています。訓練施設から見れば訓練生を派遣する事業主はお客さんという立場であるため、そのような事情が発生するのかもしれませんが、それが教育効果を阻害しているのは事実です。やはり、事業主（雇用主）に遠慮なく、就業前に教育効果第一で行う事なのかもしれません。

公的林業大学校の人材育成目標、カリキュラム、研修内容は、本書の各事例で紹介しているとおりです。

基本は、

・技術・技能に関する実践的教育
・管理部門に関する教育
・集中した実習による実践力
・インターンシップ

です。

職業（職種）適正を見出すしくみ

わが国の「緑の雇用」は就業後の研修（教育）である点では、先に挙げた建設業の事情と同じですが、1つだけ大きな違いを挙げるなら、緑の雇用は技能者のキャリアアップを目指す点でしょう。従って即戦力補強というだけのカリキュラムにはなっていません。フォレストワーカーからフォレストリーダー、フォレストマネージャーといった事業体（あるいは事業体を超えた）での地位向上を前提とした教育であり、そのこと自体修了者（従事者）の誇りや技術プライドを創ることから、定着化に大きく寄与する内容です。

そしてキャリアアップを目指す研修カリキュラムの多様な科目を修得する中で、受講生（従事者）は職業適性（職種適正）を見出し、自分のものとするきっかけを提供する効果も見逃せません。自分は現場の職人（技の達人）を目指したいのか、班長あるいは工程管理を含めたマネジメント部門に進みたいのか。そうした職種適正を見出すことは、従事者の定着の重要ポイントと考えます。

地域型教育システムとしての林業大学のポイント

事例編4では、ある失敗例が紹介されています。林業大学への進学を希望した高校生の話です。本人の希望とは別に、高校新卒者を欲しがる地元事業体に請われ、学校の進路指導もあり、事業体に就職したものの、３カ月で離職という残念な結果に終わったというもの。「本人の希望どおり進学されるのがよかった」と事業体も高校も反省を述べられたとのこと。

仮定の話はできませんが、少なくとも林業大学校に進学すれば、職業（職種）の適正を本人がある程度つかみ、その覚悟で林業へ就職することはできたでしょう。事前に適正を自覚することは、定着はもちろんのこと、効果的な人材（財）活用にもつながります。すなわち、本人にも雇用主にもメリットがある話です。

林業大学は、地域（進路指導側の高校等、求人側の地元事業体）に近い存在です。だから、このような事情が関係者で共有され、課題として意識されるのです。

最後に公的林業大学校について、地域型としての特色を中心に整理してみます。

●地域の業界（人材）と連携した教育運営
林業関係者による講師参加、インターンシップ受け入れ、演習フィールド提供。

●連携した就職システム

林業大学校と地元事業体の情報共有による求人確保、インターンシップ派遣による就業前の職場体験を利用した就職支援。

●学校との連携
地域推薦、地元枠（卒業後の就職確保）など、学校が安心して進路指導できるしくみ。

●事業体や卒業生からの要望によるカリキュラム改善
補強すべき科目、新規技術への要望などの情報が学校に集まり、それを元に柔軟なカリキュラムの検討・改善。

●人材を軸とした情報フィードバック、情報センター的機能
卒業生からの事業体の人材確保や経営に関する問題点、提案などを含めた情報フィードバックとその共有で、課題の整理、政策への反映など。卒業生と林業大学との絆は、いい意味で深く、林業大学は中立的な存在として、卒業後の定着を支えてくれる精神的支柱でもある。

●安全意識の普及

林業大学校で身につけた安全管理に関する意識（妥協しない姿勢）。就業後に学ぶ安全管理とは違い、事業体の事情に斟酌《しんしゃく》しない安全教育（これは当然のことですが）の理念、考えが、卒業生を通じて地域の事業体に広まり、地域全体での安全管理向上に寄与するとの期待。

林業大学校及び長期就業前研修事例
（2017年1月現在、一部就業後研修制度を含む／農林高校、大学を除く）

都道府県	名称 設立年	設置・運営機関・形態	特徴
北海道	林業学校（予定） 設置構想中	林業学校誘致期成会	推進に向け芦別市がセミナー等予算化
岩手県	釜石・大槌バークレイズ林業スクール 2015年1月	釜石地方森林組合	定員10名、開校期間3年、経費はバークレイズが負担
秋田県	秋田林業大学校 2015年4月	秋田県・研修機関（県条例）	北海道・東北地区では初めての就業前の林業技術者育成研修2年間、15名
山形県	山形県立農林大学校 2016年4月1日（改称）	山形県・教育機関（学校教育法）公立専修学校	2年間の寮生活
栃木県	栃木県林業カレッジ 1998年5月	公的研修制度・県労確センター	県内林業事業体従事者の育成。定員20名、84日程度
群馬県	群馬県立農林大学校 1983年	群馬県・教育機関（学校教育法）公立専修学校	農林業ビジネス学科
富山県	富山県林業カレッジ 1996年12月	認定職業能力開発校（林業分野で初）	単年度5人、1年間
石川県	金沢林業大学校 2009年	金沢市森林再生課	2年間（年40日程度）、現場での実習が中心
福井県	ふくい林業カレッジ 2016年6月	福井県県産材活用課林業戦略・人材育成G	9名、1年間200日程度、おおむね1200時間
長野県	長野県林業大学校 1979年4月	教育機関（学校教育法）公立専修学校	2年間、全寮制、20名
岐阜県	岐阜県立森林文化アカデミー 2000年4月	教育機関（学校教育法）公立専修学校	2年間、クリエーター科、エンジニア科、各科20名
岐阜県	岐阜県きこり養成塾 2005年	（一社）岐阜県森林施業協会	5人以上、120日以内。

都道府県	名称 設立年	設置・運営機関・形態	特徴
静岡県	静岡県立農林大学校（林業学科） 1999年（改称）	教育機関（学校教育法）公立専修学校	2年間、10名、共通科目、専攻科目、インターンシップ
京都府	京都府立林業大学校 2012年4月	京都府条例学校	2年間、20名
兵庫県	兵庫県立森林大学校 2017年4月（開校予定）	教育機関（学校教育法）公立専修学校	2年間、20名
和歌山県	和歌山県農林大学校（2017年4月改編）	教育機関（学校教育法）公立専修学校	県農業大学校を農林大学校へ改編し林業専門コースを拡充
島根県	島根県立農林大学校林業科 1994年4月	森林法施行令第九条の農林水産大臣の指定する研修機関	2年生専攻学習では、森林プランナーコースと森林エンジニアコースの選択制2年間、10名
徳島県	とくしま林業アカデミー 2016年4月	徳島森林づくり推進機構が運営主体の研修制度	10名程度、入学金・研修費用は無料。研修期間は1年。
高知県	高知県立林業学校 2015年4月	高知県条例学校	林業関係団体、高校・大学等教育機関、林業技術センターと連携3課程、就業前研修は1年間20名程度
大分県	おおいた林業アカデミー 2016年4月	森林ネットおおいたが実施主体の就業前研修制度	森林組合や林業会社への就職希望者を対象に1年間無料研修
宮崎県	みやざき林業青年アカデミー 2014年4月	宮崎県・宮崎県林業技術センター就業前長期研修制度	1年間1200時間以上の学科・実技の研修

全林協編集部調べ

事例編 1

「サポートチーム」・「協議会」によるオール秋田方式

秋田林業大学校

「サポートチーム」・「協議会」によるオール秋田方式

秋田林業大学校

秋田県林業研究研修センター　研修普及指導室　主幹
宮野　順一

即戦力となる若い人材を育成

北海道・東北地区では初となる就業前の林業技術者育成研修（秋田県林業トップランナー養成研修＝愛称「秋田林業大学校」）が２０１５（平成27）年４月からスタートしました。全国的に、林業の現場では林業従事者の減少、特に将来の林業を担う若い人材不足が大きな課題となっていますが、本県でもその傾向は顕著となっていることから、２０１４（平成26）度から即戦力としての若い人材育成に本格的に取り組んでいます。

秋田の林業の礎を築いた秋田藩家老渋江内膳政光の遺訓「國《くに》の寶《たから》は山なり」を理念に掲げ２０１４（平成26）年度の組織改編で新たに設置された「研修普及指導室」が中心となってその運営にあたっています。林業大学校設立の目的は次の３つとなります。

１．増加する素材生産と加速化する基盤整備

全国一のスギ人工林面積（蓄積）を誇る本県の森林資源は９齢級以上が50％を超え、今まさに資源造成期から資源活用期に移行しております。近年、施業集約化のため、路網整備や高性能林業機械の導入が加速化していますが、今後とも増加する素材生産に対応していくためには、低コスト生産システムを実践するための技能が不可欠な状況となっています。

〈秋田林業大学校概要〉

(1) 研修生の募集（平成29年度）

・募集定員

○推薦選考：10名程度
○一般選考：5名程度（前期・後期※）※前期で定員数を満たしている場合は実施しない。
・申請資格
○秋田県内の森林組合や林業会社等に就職希望がある30歳未満（H29年4月1日現在）の者で、且つ高等学校卒業（見込みの者も含む）または同等以上の学力を持った者。

(2) 研修の基本事項
・研修期間　2年間
・受 講 料　11万8800円／年
・研修生数　36名（平成27年度：18名、平成28年度：18名）
・研修時間　1100時間程度／年
・研修日数　200日程度／年（夏休み：30日間、冬休み：17日間）
・研修講師　県林業技術職員、外部講師

(3) 研修カリキュラム
科目毎に「達成目標」を掲げ、講師も研修生も目的意識を明確に共有しながら研修に臨んでいます。

①森林・林業の知識と経営感覚の取得（４科目）
林業・木材産業の基礎／森林の生態／森林機能保全／林業マネジメント
②森林の造成・生産・利用の技術取得（10科目）
森林施業／森林調査／森林病虫害／木材加工・流通／森林測量／林業機械基礎／機械総合実践／林業機械資格取得／労働安全衛生
○仕事に活かせる資格
〈１年次〉
小型車両系建設機械特別教育、車両系建設機械運転技能講習、はい作業従事者安全教育、伐木等の業務に係る特別教育、刈払機取扱作業者安全教育
〈２年次〉
機械集材装置の運転に係る特別教育、走行集材機械の運転業務特別教育、簡易架線集材装置等の運転業務特別教育、伐木等機械の運転業務特別教育、秋田県林業技術管理士
③資質を高めるスキルアップ研修（２科目）
インターンシップ研修／総合講座・実践

(4) 研修施設

平成26年度、当該センターの研究棟を一部改築し、講義室やＯＡ室などを整備したほか、敷地内に、実践的な実習を行うための実習棟を新たに設置しました。

・教室等　講義室：２室　ＯＡ室：１室　更衣室：２室
・実習棟　構　造：木造平屋建１棟
　　　　　規　模：延床面積：１５４㎡　木材使用量：33㎥

2. 急務となっている若い人材の確保と育成

２０１４（平成26）年度末の本県の林業従事者は１５０６人で、全体の37％が造林作業従事者で５６２人（前年比55人減）、63％が素材生産作業従事者の９４４人（前年比17人増）となっています。年齢構成は、60歳以上が最も多く全体の39％、30歳未満は10％にも満たない状況となっています。

新規採用者は増加傾向で、２０１４（平成26）年度は１２１人となっていますが、この中で新規学卒者は約１割と低い構成となっています。今後は、路網を整備し川下の木材利用までマ

希望に燃える研修生。学舎は秋田県林業研究研修センターに併設され、研究棟を一部改築して対応している

ネジメントできるような技能者が必要とされていることから、特に新規学卒者を確保し即戦力となる人材育成を強化していくことが急務となっています。

3．質の高い研修で林業トップランナーを養成

秋田林業大学校では、将来の林業を担う若い技術者（＝林業トップランナー）を養成するため、基礎からしっかり学び、2年間で実践力を身につけさせます。

1年目は、基礎的な知識と技術、林業機械の操作方法を学び、各種資格を取得させるなどし、基礎をしっかり習得させます。2年目は、専門的な知識と技術、林業機械を使った総合実習、林業経営マネジメントを学び実践力を習得させます。

ステップアップの狙い（平成28年度計画）

時期		1年生		2年生	
第1四半期	4月 5月 6月	林業入門	○基礎的な知識・技術を習得 ○チェーンソー・刈払機の資格取得 ○刈払機操作の実践技能教程	実践の準備	○研修生の習熟度を確認 ○研修生の就職希望先を確認 ○林業の現場作業で働くためのスキルの習得
第2四半期	7月 8月 9月	作業の体験	○林業の現場作業・技術の実践を体験 ○本格的な実習の準備 ○林業の基礎的な作業を体験	能力の確認	○自らの能力の見極めと意識の向上 ○実習の最終段階に向けての準備 ○研修生と事業主のマッチング
第3四半期	10月 11月 12月	作業の反復	○実習の反復により知識・技術を定着	実習の総括	○林業の現場で働くためのスキルの向上
第4四半期	1月 2月 3月	管理の基礎	○経営・現場管理の基礎 ○企画・立案・発信の基礎	管理の総括	○事業提案のための企画・立案・発信能力の向上 ○現場管理者として必要なスキルを習得 ○個々のスキルの不足を補習

２年間の研修指導目標と

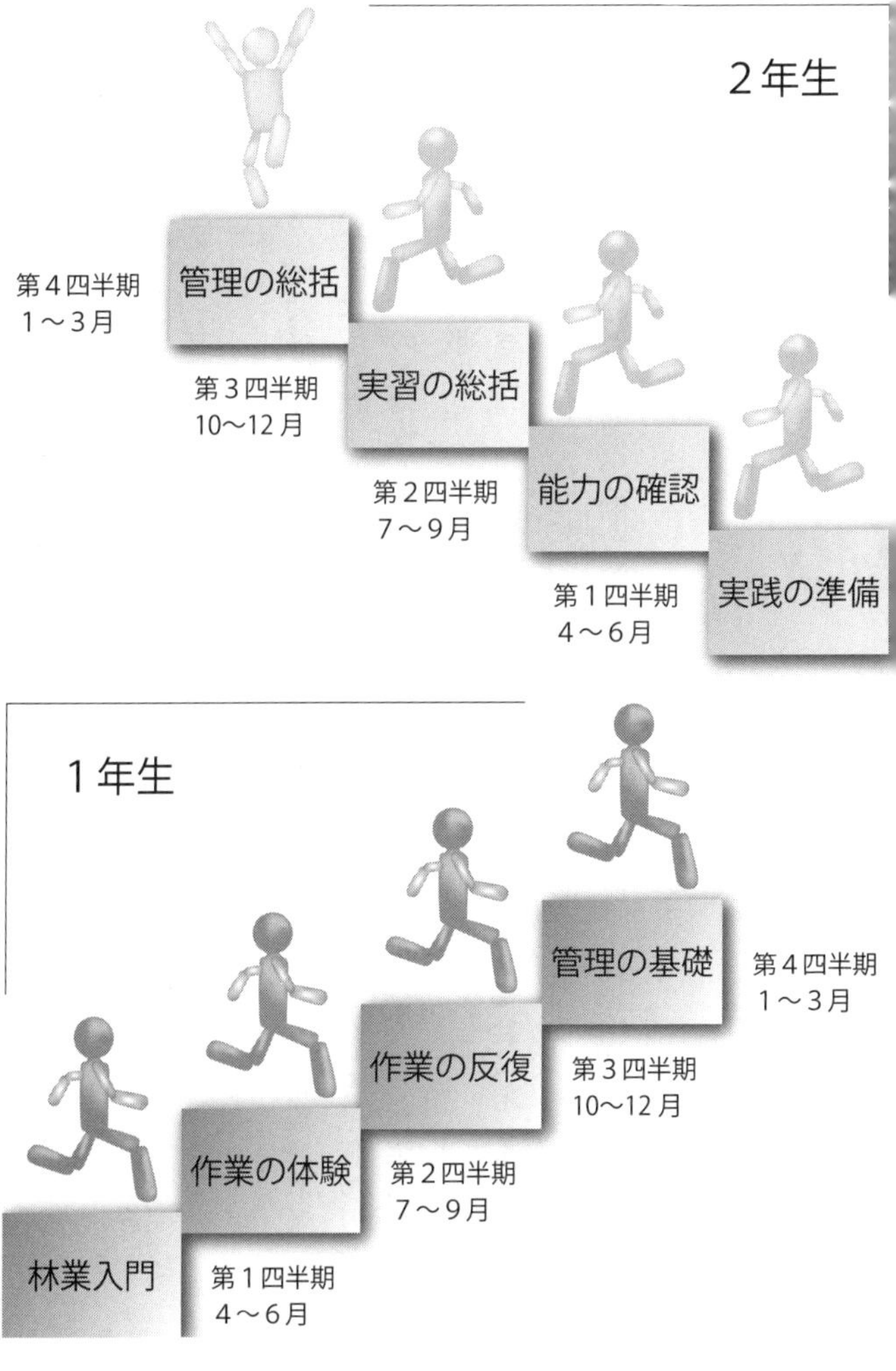

オール秋田で人材育成①――林業技術者養成協議会

　民間と行政が一体となった研修体制により、実践的かつ専門的知識及び技術を研修生に習得させます。そのために「林業技術者養成協議会」、「秋田林業大学校サポートチーム」を組織して取り組んでいます。

　まず林業・木材産業関係団体のほか、雇用や教育に関係する機関などで構成されている「林業技術者養成協議会」は、林業大学校の羅針盤となる存在です。研修方針や研修カリキュラムの検討、高校生や卒業生の進路状況や林業雇用情勢等について情報交換し、林業関係会社等が求める若い人材の育成に取り組んでいます。

　年間の「研修カリキュラム」については、まず事務局が作成し協議会に諮り決定しました。また、「高校生や卒業生の進路状況」については県教育庁高校教育課より、「林業雇用情勢等」については県森林整備課と県雇用労働政策課より、それぞれ直近の情報提供をしていただいています。

表１　「秋田県林業技術者育成協議会」のメンバーリスト

- 秋田県森林組合連合会代表理事会長（会長）
- 秋田県素材生産事業協同組合連合会会長（副会長）
- 秋田県木材産業協同組合連合会理事長
- 秋田森林整備事業協会長
- 秋田県ニューグリーンマイスターズ連絡協議会長
- 秋田林業女性研究会長
- 東北森林管理局森林整備部技術普及課長
- 秋田県教育庁高校教育課長
- 秋田県立秋田北鷹高校緑地環境科教諭
- 秋田県産業労働部雇用労働政策課長
- 秋田県農林水産部森林整備課長
- 秋田県林業研究研修センター所長

オール秋田で人材育成②―民間の力で研修をバックアップする「サポートチーム」

林業・木材産業等に精通した県内または県内に支店・営業所等を有する企業及び団体で構成する「秋田林業大学校サポートチーム」（林業・木材関係団体と機械メーカーで構成する18の団体や企業）が、講師派遣や研修フィールドの提供、インターンシップの受け入れなどを行い、秋田林業大学校を県と共に支えます。２０１５（平成27）年４月に、県とサポートチームが研修協力に関する覚書を締結しました。

このようなバックアップ体制は、他県にはなく秋田ならではの特徴と言えます。県とサポートチームがしっかり手を組んで、有能な若い林

就職に向け議論を交わした研究生との個別面談

業技術者の育成に取り組んでいます。

　サポートチームとして民間（団体・企業）が数多く参画している背景として、林業大学校に対する業界団体の反響は大きく、賞賛する声が数多く寄せられているという感触があります。そこには、いずれは業界が受け入れる若い人材を即戦力に近いレベルまで県が育成するという、今までにない県の画期的な取り組みに対する大きな期待感があると思われます。そうしたこともあり、県内のほとんどの業界団体が参画するサポートチームは、非常に好意的に研修をサポートしてくれています。

　実際の講師派遣や研修フィールドの提供、インターンシップの受け入れなどについては、サポートチーム等と事前に協議し確定していきます。例えば、機械メーカーの技術員の方が当センター

表２　「秋田林業大学校サポートチーム」のメンバーリスト

- 秋田県森林組合連合会（代表）
- 秋田県素材生産事業協同組合連合会（副代表）
- 秋田森林整備事業協会
- 秋田県木材産業協同組合連合会
- 一般社団法人秋田県林業コンサルタント
- 秋田県山林種苗協同組合
- 一般社団法人秋田県森と水の協会
- 公益社団法人秋田県林業育成協会
- 一般社団法人秋田県造園協会
- 住友建機販売株式会社
- 株式会社加藤製作所
- 松本システムエンジニアリング株式会社
- ハスクバーナ・ゼノア株式会社
- コマツ秋田株式会社
- 日立建機日本株式会社
- 株式会社レンタルのニッケン
- 株式会社ヨシカワ
- 幸和リース株式会社

※なお、サポートチームの構成員は、「県内の企業又は県内に支店、営業所等を有する企業及び団体で林業・木材産業等に精通した者」と定義しています。サポートチームへの参加は随時受け付けています。

心強い「秋田林業大学校サポートチーム」の皆さん

を訪れ、高性能林業機械やチェーンソーなどを使ったメンテナンス等に関する実習を行っていただいているほか、マツクイムシで甚大な被害を受けた海岸松林の再生を図ろうと植栽された県有保安林で行った刈り払いの実習に、地元森林組合（サポートチームの一員）の技能職員が指導員として参加し、手とり足とり指導して頂きました。

研修生の就職への動機づけとなるインターンシップ研修については、研修生との個別面談を通じ具体的な受入先を確定させています。森林組合や素材生産業者、製材企業が主な受入先となり、林業事業体等を訪問し具体的な調整作業を行っています。なお、事務局で県内の林業事業体等のほとんどは定期的に巡回訪問していますので、インターンシップの受け入れについても非常に好意的に考えてくれています。

以上のことからも、林業大学校は単なる人材育成の場ではなく、県と業界の橋渡し的存在、県と業界を繋ぐ潤滑油的存在にもなっているような気がしています。

月刊「現代林業」２０１５（平成27）年9月号より

事例編２

「地域から学ぶ」を実践する充実の支援体制

長野県林業大学校

「地域から学ぶ」を実践する充実の支援体制

長野県林業大学校

長野県林業大学校教授（所属は執筆時）
吉川　達也

全寮制による全人教育により林業技能者を育成

長野県林業大学校は、本県林業の近代化を推進するため、専門的知識・技術を身につけるとともに、寮生活（全寮制）を通じ人間形成を図る全人教育により、林業の指導的な技術者、林業後継者を養成することを目的に、１９７９（昭和54）年に開校しました。

本県の農山村地域にあって指導的な役割を果たす技術者ならびに林業後継者となる有能な人材を養成するため、左記の方針のもと、行学一致の総合的教育を行っています。

(1) 専門的な知識・技術を体系的に習得させ、さらに指導者となるための「全人教育（知識・技能に偏することなく、人間性を全面的・調和的に発達させることを目的とする）」を行う。
(2) 大学、試験研究機関との連携のもとに林業に関する技術並びに知識を習得させ、本県林業の進むべき方向に沿った教育を行う。
(3) 実験、実習を重んじ、実践的な教育を主眼として、新時代の社会の要請に対応し得る生きた教育を行う。

教育システムの概要

(1) コース

本校は林業科だけの1科で、1学年20人、2年制で計40人からなる専修学校です。2学年の後期からは選択科目のコース制授業となり、①公務員を目指す学生のための森林管理コース、②森林組合等の森林整備をする現場で働くことを目指す学生のための森林資源活用コース、③木材・製材業で働くことを目指す学生のための木材利用コースの3コースに分かれます。

各コースでは、現場での実習を重視して即戦力となるよう、森林管理学、治山工学、施業プラン作成、林道工学、木材加工学、木造建築構造論等について勉強します。

(2) カリキュラムの内容

2年間のカリキュラムは、一般教育科目と専門教育科目に分かれており、一般では哲学、文学、法学、数学、生物学等を学び、専門では造林学、森林生態学、測量学、林業機械学、木材加工学、林政学等の合計40科目について学びます。卒業時に得られる資格は、専門士、樹木医補、高性能林業機械特別教育終了証、森林整備業務専門技術者、森林情報士2級など18に及びます。講師は、信州大学の現役教授の他に、地元大学の教授、高校教諭、県職員などの専門家が務め、海外研修ではオーストリアの大学教授等にご指導いただいています。

また森林保護学、物理学、造園学については、地元の高校・高専の教諭が専門分野の講義と実習をしており、法学、治山工学、木材加工学、特用林産学、林道工学、林業架線学、野生鳥獣対策については、現役実務経験者の県職員等が担当して基礎から分かりやすい授業を行っています。その他、樹木医学は地元の樹木医、簿記は税理士、救急救命学は日赤指導員の方等、各界のエキスパートに講義を担当いただいています。

地域との教育支援の連携体制

長野県林業大学校は、この地に開校して38年。その間、地域に支えられ続けてきました。また、地域から学ぶことを学校のモットーとしているため、学生は、地域のお祭りやイベント等に積極的に参加しています。近年では神輿の担ぎ手が高齢化になっているので、林大学生のパワーは必要不可欠なものになっています。

学習面では、林大からほど近い森林を地元の方のご厚意で無償でお借りしています。スギ・ヒノキ（一部カラマツあり）の森林では、測量や毎木調査、林道の計画実習や、シイタケのほだ場としても活用させていただいています。また、自由に整備してもよい、というご厚意のもと、この森林を活用して伐倒技術等も磨いています。

現在は、作業道も開設中で、今後、高性能林業機械の実習にも活用させていただく計画です。

その森林の奥には、伝統ある「木曽青峰高校（旧木曽山林高校）」の学校林があります。ここは、木曽山林高校のＯＢの方々が植林・整備されてきた山であり、ヒノキなどの針葉樹林や広葉樹林が広がっています。この森林は木曽青峰高校の演習林ですが、林大も架線や測量の実習に使わせていただいています。

地元の森林組合のベテラン職員を講師に招いた下刈り実習

旧木曽山林高校は林業大学校のすぐそばにあり、現在はその建物の一部が「木曽山林資料館」として、1901（明治34）年に創立された林業教育発祥の地「木曽山林学校・高校」の109年の歴史と林業教育の変遷や、木曽の山仕事などの様子を学ぶことができます。林大に来たばかりの1年生も、授業の一環としてこの資料館を訪れ学習しました。

また2014（平成26）年度から、薪生産のため地元の森林所有者と山林使用の覚書を取り交わし、「林大里山プロジェクト」が始まりました。林大校舎の周りに、地域の森林資源である「薪」が並ぶ日も間近となっています。

この他、授業の中では実習に力を入れており、2年生は木材商業論で地元木曽をはじめ長野県

地域貢献と樹木学実習を兼ねて、御嶽山の登山道整備を行っている

各地の木材市場や製材・加工施設へ、また森林計画・普及論では木曽の木材流通の要、木曽官材市売協同組合へ伺うなど、様々な授業で現場ならではの雰囲気や働く方のご意見を聞くなどして、じかに学んでいます。

また、1年生は林業を初めて経験する学生も多く、地元木曽森林組合のベテラン職員の方を講師にお招きした植栽地での下刈り実習では、刈払いのコツや現場での注意を個々の学生にきめ細かく指導していただきました(刈払機の扱いは学校敷地内の授業で事前に実習しています)。

作業の合間には鎌の砥ぎ方を指導していただいたり、昔使っていた森林鉄道の話をしていただいたりと、教室内では得ることのできない体験をしています。

樹木学実習では、天然木曽ひのきの産地として有名な赤沢自然休養林において冷温地帯の樹木を学ぶと同時に、伊勢神宮の遷宮のために納められる御神木の伐採跡地を見学し、地域の方から当時の話を聞くなど、木曽ひのきの歴史の勉強もします。

また、例年「御嶽山登山道整備」に参加し、御嶽山における樹木の垂直分布を学ぶとともに、噴火の影響で入山規制はあるものの、荒れている登山道を、できる範囲のところまで地域の方々と一緒になって整備し、地域の復興にわずかながらも貢献しています。

このように、学生は2年間みっちりと木曽ならではの風土や人柄に触れ、地域からしっかり学ばせてもらっています。それと同時に、学生たちは地域にもおかえしをしたいと思っています。２０１４（平成26）年の御嶽山噴火災害に伴い、地域経済に大きな影響が生じましたが、冬の地域イベント「雪灯りの散歩路」に、学生自らの意思で参加し、犠牲となった方を弔うとともに、地域が元気になるようお手伝いしました。

図　職種別就職状況

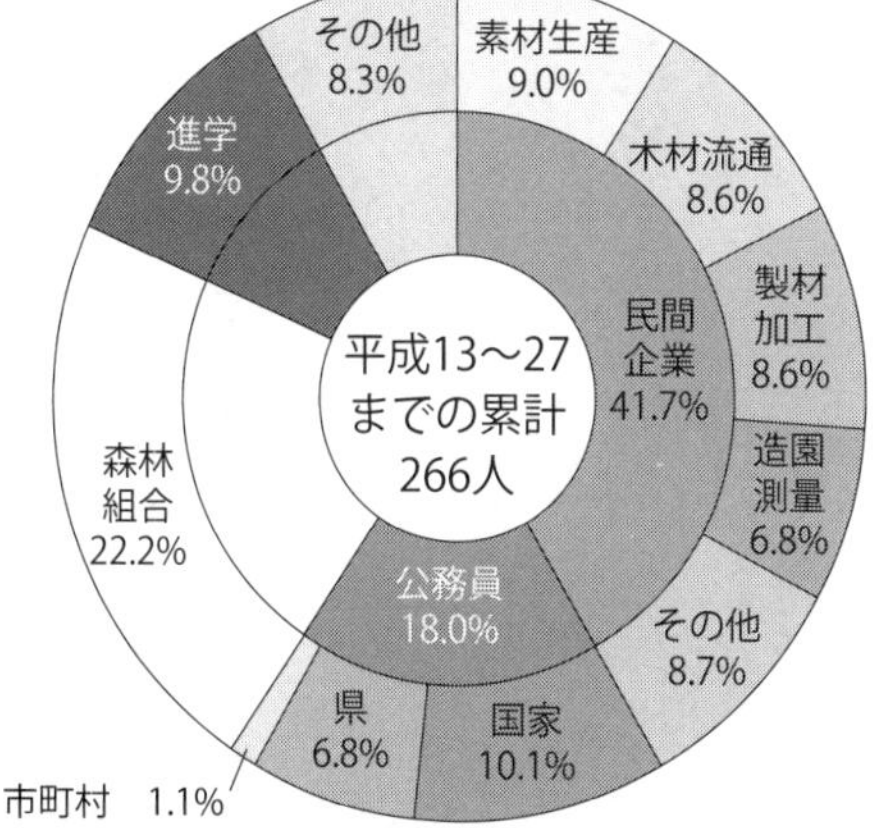

４割以上が林業・木材産業に関連する民間企業に就職。森林組合への就職も多い

ＯＢ・ＯＧのネットワークを活かしたインターンシップ

　卒業後は、長野県内に就職する学生が多いのですが、地元木曽郡内の製材工場や森林組合、林業事業体で働いている学生も多く、そのＯＢやＯＧは、よく林大に遊びに寄ってくれて、色々な情報を現役学生に伝達してくれます。

　２０１６（平成28）年度入学者で林大第38期生となり、初期の林大卒業生は、県内はもとより県外のそれぞれの会社や組織で活躍されています。そのＯＢ・ＯＧの方々は、第１期から変わらない全寮生の中で学生時代を過ごしてきた「仲間」

として在学生を捉えてくれていて、このことは学校としてもとても心強く思っています。
その1つとして、学生が職場で実践しながら学ぶインターンシップの時は、林大生を快く受け入れていただいており、インターンシップ期間中には、会社の中堅どころのOB・OGが学生の面倒を見てくれています。また学生は、先輩がバリバリ働いているところを見て、とても励みになると言っていますし、就職への意欲向上にも繋がっています。

月刊「現代林業」2015(平成27)年9月号より

事例編３

キャップストーン研修に大きな効果
開校４年目を迎えた京都府立林業大学校

開校５年目を振り返る
就職と定着を確実にする工夫

京都林大 OB に聞く
－即戦力と定着のためのポイント

京都府立林業大学校

キャップストーン研修に大きな効果
開校4年目を迎えた京都府立林業大学校

京都府立林業大学校教授
志方　隆司

将来を見据えた仕事ができる人材を育てる

京都府では林業の担い手が減少し続け、1969（昭和44）年に3000人以上だった林業労働者数は、2013（平成25）年に573人まで減少しました。府土地面積の4分の3を占める森林を、府人口（260万人）のわずか0.02％の林業労働者が担っている計算になります。

これからの林業は、安全な伐倒技術、少ない人数で広い面積を管理する林業機械の技術とチームワーク、多くの機能を持つ森林をそれぞれ有効に管理・誘導できる知識と経験が求められます。これらを実地で学び、50年、１００年先を見据えた仕事ができる人材を育てるため京都府立林業大学校は２０１２（平成24）年４月に開校しました。

学校の概要

(1) 教育体系

本校は、京都府の地域機関であり、農林水産部が管轄し、只木良也校長以下常勤８名、非常勤７名の職員が運営に携わっています。

本稿では修学年限２年の「森林林業科」を中心に紹介します。

森林林業科は、「林業専攻」と「森林公共人材専攻」の２専攻があり、「基本能力」「森林科学」「育林技術」「森林・林業経営」「木材利用」「林業機械」「森林路網・森林計測」「里山保全・活用」「公共人材」の９分野71科目の講義・実習及びキャップストーン研修（実学実習）並びに卒業研究を３チーム10名の教務職員が「科目担当」を分担して指導・運営に当たっています。

講義・実習は経験豊かな専門家から学ぶ機会を大切にし、林業・木材産業・建築業をはじめ

図　カリキュラムのイメージ

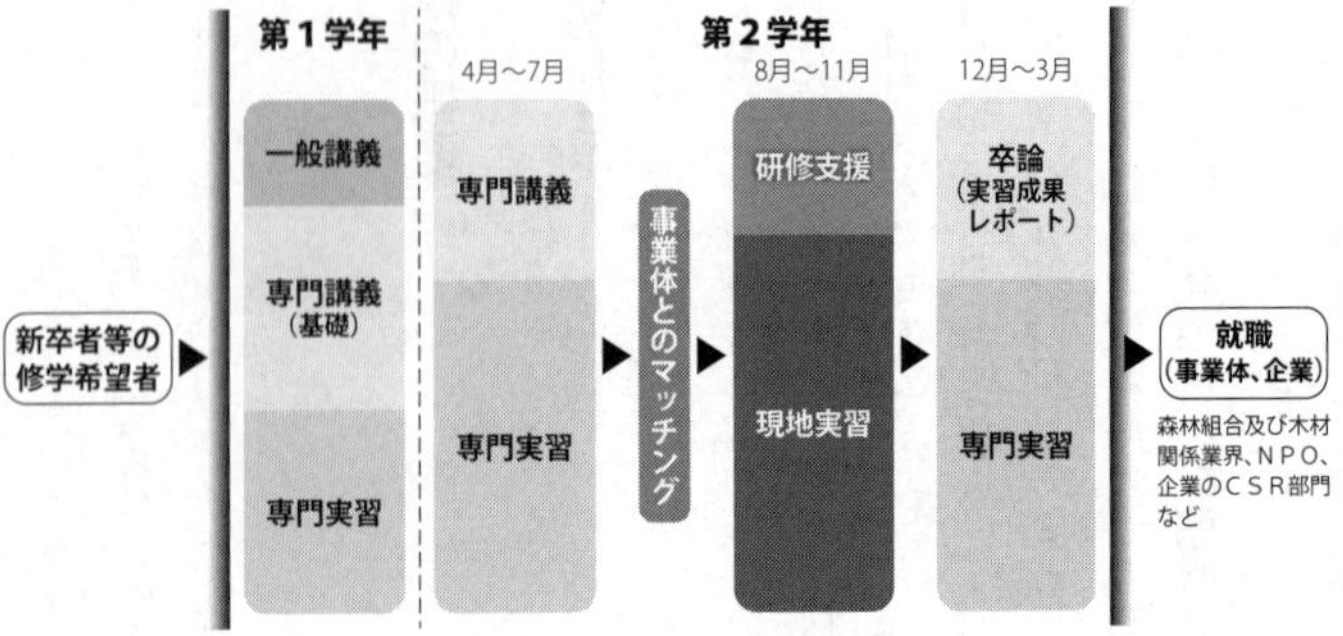

関係各界の第一人者である18名の特別教授、地域の森林・林業をリードする47名の客員教授からの指導と、職員の直接指導を組み合わせて効果的な学習に努めています。

伐木・造材や機械操作、測量などの実習は、1班数名の学生を単位として指導することが効果的で、3～5班に分けて行います。この場合各班に指導者が付くよう科目担当が「段取り」して配置します。

また、各学年に担任を置き、学生との連絡や相談を受けています。

(2) 教育内容

2年の修学期間をステップアップしながら就業に備えます（図）。

第１学年―基礎から専門知識、技術を学ぶ

入学式、ガイダンスの翌日には、２日間かけて林業大学校から日本海側の舞鶴市まで山間部を約50㎞歩く「日本海ウォーキング」を行います。続いて「救急救命」、「森林・林業の基礎（林大入門）」、前期は主にチェーンソー、刈払機等林業機械の安全操作、ハーベスタやグラップルなどのベースマシン（車輌系建設機械）の操作に必要な技能講習を専門機関から学び、修了証を取得して技術の向上と総仕上げとなるキャップストーン研修（実学実習）に備えます。

後期は、木材加工や林業経営の分野を加え、現地・座学を組み合わせた学習を展開します。10月の「三行脈型濃密実習」は、少人数学習と教材の有効活用を実現するため、学年を３班に分け、①樹幹解析を行う「森林科学実習」、②バックホーの操作を学ぶ「作業道作設実習１」、③林相区分やプロット調査など森林計画調査を行う「森林計画演習」の３科目を同時に実施します。３月には約１週間の「インターンシップ研修」を行い、近隣の森林組合で就業体験を行います。この研修は、「キャップストーン研修より早い時期に就業を体験したい」という学生の声から生まれたものです。

「モデルフォレスト論」での景観保全のための植栽と獣害防止柵の設置実習

林業経営の学習風景。損益分岐について

第2学年──現地実習を通じて実践力を養う

５月に海外研修を実施します。本校ではドイツ国内の林業大学校との交流やシュバルツバルト地方の森林・林業に関する見聞を広め新しい林業経営の姿を学びます。

後期は９月、10月にキャップストーン研修を行います。学生は森林組合や林業事業体等で１カ月ずつ、２つの研修先から実際の業務を学びます。この研修は就業に向けた大きな節目となります。

11月以降は卒業研究を行います。キャップストーン研修等で得た問題点、改善点を考え、生涯研究心を持ち、業務の改善に活かせるよう指導します。

また、森林公共人材専攻の学生は、毎週１～２回京都府立大学公共政策学部に研修員として学び、市民参加論、政策評価論等の科目を学びます。また卒業研究は「地域課題解決型教育プログラム」をグループで取り組み、森林・林業からできる地域おこしを提案します。

地域に支えられる林業大学校

(1) 地域からの支援

本校の開校を契機に、大学校と地域住民の連携・絆づくりを目指し、京丹波町が中心になって「林業大学校地域連携協議会」が発足しました。まさに地域ぐるみで学生生活を支えていただいています。

本校は、学生寮を持たないため、自宅通学以外の約8割の学生は学校周辺のアパート、空家、公共住宅等に居住しています。体力を使う実習が続くため、朝食だけは確実に食べてもらいたい、その願いに応えていただいたのは地元の道の駅「和（なごみ）」でした。

また、学生も祭り等、地域の行事に積極的に参加しています。

(2) 林業界からのカリキュラムの支援

1年生後期から、地元林業界からの客員教授を迎え、専門技術の講義・実習を行っています。木材の利用と流通についてはNPO法人の協力により「木材コーディネーター」養成のプログラムの基礎部分を学びます。また、「林業経営」では、京都府だけでなく、奈良県や三重県の林業家をはじめ企業、素材生産業の客員教授から林業経営の実際を学びます。

また、大学校近隣の森林組合からは集約化施業を、地元森林組合からは高性能林業機械の操作方法を学びます。

(3) 大学からの支援

大学の町、京都の利点を生かし、京都大学農学部、京都府立大学環境自然学部の支援を受けています。「高性能林業機械作業システム」「森林機能保全」「木材加工」「木造建築」「育林技術」等、専門性の高い講義の講師派遣を受けるとともに、京都府立大学大野演習林で、樹木実習や育林技術の実習を実施しています。

(4) 学習環境支援

大学の「演習林」にあたる実習林はありませんが、京都府の管理する「府民の森（スチールの森京都）」や京丹波町有林が実質的な「演習林」となって、チェーンソー作業等の基礎実習、樹木実習を行っています。

間伐作業、機械操作の実習は、繰り返し同じ場所で実施することができないので、京丹波町をはじめ周辺森林所有者の協力を得て、新たな実習地を提供いただき、実習を行っています。

月刊「現代林業」2015（平成27）年9月号より

開校5年目を振り返る就職と定着を確実にする工夫

京都府立林業大学校

取材・まとめ／編集部

２０１６（平成28）年度で開校５年目を迎えた京都府立林業大学校。西日本初の林業専門大学校として注目を浴びた同校から３期生が卒業しました。１・２期生の林業関係への就業率は83％、林業関係の定着率は９割以上の同校の実践力教育と就業に向けた取り組みや課題などについて京都府立林業大学校を訪ねて話を伺いました。

京都府立林業大学校教授の志方隆司さん

京都府立林業大学校副校長の山﨑拓男さん

即戦力養成のためのカリキュラムを追求

即戦力養成に向けた取り組みについて、山﨑拓男副校長と志方隆司教授にお話を伺いました。まず、京都林大の即戦力の人材養成の考え方とはどのようなものなのか。志方隆司教授が説明してくださいました。

「森林組合の作業班員としての現場技術の即戦力と、森林施業プランナーのような山づくりや経営の即戦力という考え方がありますが、開校当時は現場技術の即戦力育成に軸足を置きました。実際に求められる即戦力は、今後多くの卒業生が林業界で活躍してくれないと分かりません。その上でこのカリキュラムで良かったかどうか、変更すべきかどうか、即戦力、実践力とは何かを含めて答えを求めたいと思い

三行脈型濃密実習ー森林資源モニタリング調査「森林科学実習」

ます」。

では、即戦力の養成を目的に、カリキュラムの作成・改良はどのように進めてきたのでしょうか。

「開校した当初は、先輩校である長野や岐阜、島根の大学校のカリキュラムやシラバスを参考にしました。森林施業プランナーのテキストも検討しましたがプロ向けであり、まだそこに至っていない学生向けの実践テキストがないことに気がつきました」と志方さん。

そこで京都林大では、即戦力養成のために必要な機械操作関係の資格を取らせようという発想で取り組んだと副校長の山﨑拓男さんが説明してくださいました。

「最初に施業の必須要件である資格を取ってしまわないとプロの第一歩を踏み出せません。そこで第1学年前期に必要な免許を取得させ、実践に向けた実習を堂々とできるようにとカリキュラムを組み替えました。資格を持

三行脈型濃密実習ーバックホーの操作を学ぶ「作業道作設実習1」

っていれば少なくとも林業事業体に就いたら研修教育期間なしに有資格者としてすぐに働けますから、ある意味即戦力です。もちろん技量は実務を重ねて高める必要はあります」。

必要な資格を取得させる科目を用意すれば実習時間数も増えていく。即戦力養成のために実習に割く時間を増やしていくことは避けられない。

「シラバスの通りにやっていくというよりは、走りながら考えるというのが実情です。明日もやろう（科目時間の増加）とか、そんな試行錯誤で進んでいます」と志方さん。

こうした課題を少しでも解消するために京都林大が独自に編み出したのが「三行脈型濃密実習」である。これは学年を3班（1班6

三行脈型濃密実習ー林相区分やプロット調査など森林計画調査を行う「森林計画演習」

名程度）に分け、特に少人数でじっくり教えることが必要な①樹冠解析を行う「森林科学実習」、②バックホーの操作を学ぶ「作業道作設実習１」、③林相区分やプロット調査など森林計画調査を行う「森林計画演習」の３科目を同時に実施し、各班が１週間ずつ入れ替わり実習を受けるというもの。

これにより学生は少人数でマンツーマン指導に近い形で濃密に重機や高価な機器を使った実習を受けることが可能になります。学校側としては、同じ実習の講師や補助スタッフを３回分投入することになる反面、高価な重機や機械のレンタル料を抑えることが可能です。

ちなみに「三行脈」というのはクスノキの葉など、根元から３本の主脈が放射状に分かれている形態のことで、３班に分かれ３つの異なる実習を平行して行う

高性能林業機械操作実習

ことを示しています。

これらは毎年の工夫の積み重ねから生まれた成果の1つです。

講師、フィールド

京都林大には実習林はないため、主に京丹波町有林が実質的な演習林の位置づけになっています。

特に間伐作業や機械操作実習は繰り返し同じ場所では実施できないため、京丹波町有林、もしくは周辺森林所有者からの協力を得て、新たな実習地の確保を図っているといいます。

「往復だけで1～2時間掛かっていたら貴重な実習時間が割かれてしまうので、学校から20分以内の林道端と

森林計測実習

いう条件で、主に京丹波町有林のご協力を得て確保しています」と山﨑さん。

講師としては、経験豊かな専門家から学ぶ機会を大切にし、林業・木材産業・建設業の第一人者である18名の特別教授と、地域の森林・林業をリードする47名の客員教授が名を連ねています。

特に重機系の実習では、地元の京丹波森林組合の協力を得ているのが特長です。重機を使っている組合の作業現場に1週間程度割り込ませてもらい、その分については、講師＋重機セットで実習委託を出す形態です。

まずは求人票を―林業界の就業環境

京都林大では1期生から3期生まで合計59名が卒業しています。進路内訳をみると京都府内での就職は35名で林業関係が29名。府外は24名で林業関係が22名とのこと。府内の森林組合の8組合に就職実績があります（図参照）。

実はこの3年間、府内の林業事業体をはじめとする就職先に向けて京都林大では努力してきたことがあるといいます。志方さんがこう振り返ります。

「そもそも林業界自体、当初は全く求人票もないような世界でした。第1期生の就職の際に、事業体に出向いても求人票がないので、当初は先方の条件をメモに取って就職先の間口を広げてきました。しかし、求人票がないと学生は条件を比較できません。

そこで求職者である学生の視点を重視し、事業体から求人票をいただくようにしました。ハローワークに求人を出したことのない事業体には、林大独自の求人票フォーマットを渡して提示してもらいました。これで給料や社会保険等の適用を学生が比較できるようになりました。今では就職先から求人票を書いてもらうことが当たり前になってきました」。

山﨑さんも「林業界では必要なときに採用する随時採用の形態が多く、4月採用・3月退職

図　学生の状況、進路

～今年度も全国から志の高い学生が集まりました～

■人数

1年生 22人（男性18・女性4）
2年生 18人（男性17・女性1）

■出身

府内	府外
1年生 7人	1年生 15人
2年生 9人	2年生 9人

■年代別

1年生	2年生
10代 15人	10代 1人
20代 5人	20代 16人
30代 2人	30代 0人
40代 0人	40代 1人

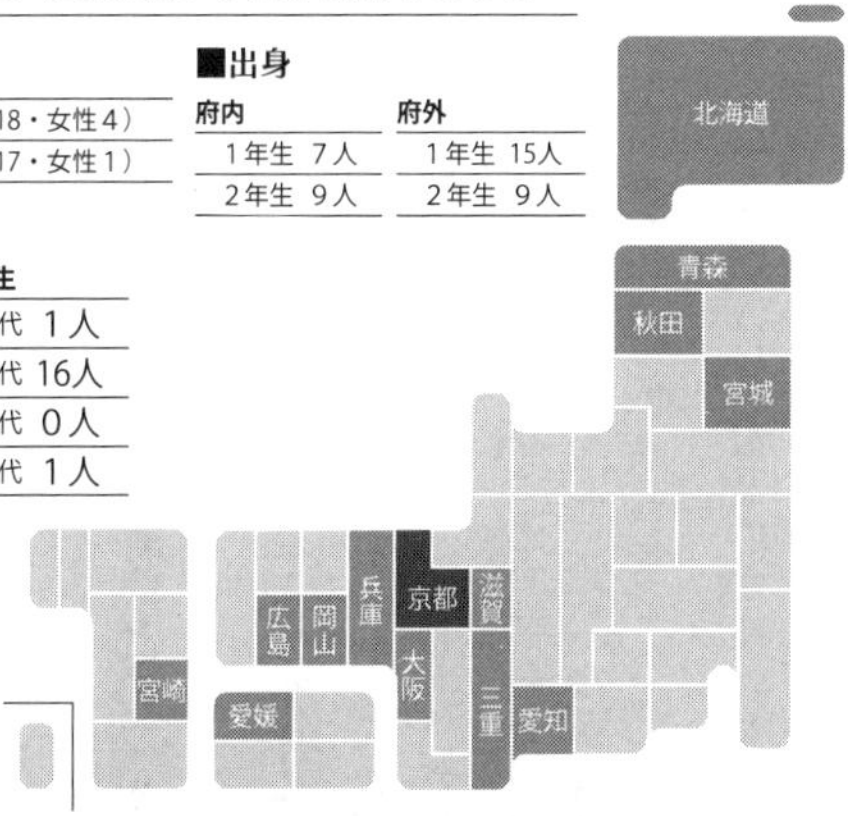

■卒業生の進路

	府内	府外
2013年度（平成25）	京都市・山城町・京丹波・舞鶴市・綾部市各森林組合・柿迫林業（南丹市）、伊東木材株式会社（福地山市）、有限会社日新製材所（亀岡市）、古原林業（京都市）、公務員（京都府職員）	しそう森林組合（兵庫県）、神石郡森林組合（広島県）、宮城県森林組合連合会
2014年度（平成26）	京都府森林組合連合会、京都市・福知山地方・綾部市・園部町・京北各森林組合、伊東木材株式会社（福知山市）、中坂木材株式会社（南丹市）、エースジャパン株式会社（京丹波町・木材加工）、グリーンランドみずほ株式会社（京丹波町）和知ふるさと振興センター（京丹波町）	高知県森林組合連合会、南都留森林組合（山梨県）、神石郡森林組合（広島県）、ヤマサンツリーファーム（宮城県）、谷林業株式会社（奈良県）、山田林業（兵庫県）、株式会社レンタルのニッケン（東京都・林業機械）、公務員（東京都職員）
2015年度（平成27）	京都府森林組合連合会、京丹波森林組合、米嶋銘木（京都市）、京北プレカット株式会社（京都市）、駒井萬葉園（京都市）、足立木材株式会社（福地山市）、株式会社美山ウッドエンジニア（南丹市）	森のエネルギー研究所（東京都）、株式会社叶樹暗（滋賀県）、しそう森林組合（兵庫県）、株式会社八木木材（兵庫県）、株式会社西村（兵庫県）、松阪木材株式会社（三重県）、株式会社門脇木材（秋田県）、神石郡森林組合（広島県）、抜屋林業有限会社（宮崎県）

という意識が低いことがあります。そこで欠員が出て今すぐ人が欲しい状況でも、4月まで辛抱して4月採用にしてほしいとお願いしました。こちらもそのために学生を中途退学させるわけにはいかないですから」と続けます。

キャップストーンで林業事業体とのマッチング

京都林大の学生と就業先となる事業体のマッチングは、「キャップストーン」と呼ばれるインターンシップ制度が大きな柱になっています。

一方で京都林大設立時に、京都府の林業業界、木材業界をメンバーに「京都府林業の担い手交流・育成協議会」が組織され、森林組合や素材生産業者、製材業者に対して、京都林大の学生採用のパイプができています。この協議会にキャップストーンに参画してもらうように周知しているのだといいます。

「就業先とのきっかけになるのがキャップストーン研修です。1カ月ごと2つの研修先で実務を学び、その間、自然と就職に向けた営業になっていると思います。キャップストーンでの1

カ月で学生は会社を、会社は学生を見ることができます」と志方さん。

京都林大の求人先と学生とを繋ぐフレームは以下のようになります。

事業体が京都林大の学生を採用する意向があった場合、学校側からキャップストーン制度を説明し、まずはキャップストーンの受け入れをお願いする。キャップストーン研修を通じて学生を採用したいとなれば、求人票を提出してもらうという流れになります。

キャップストーンの受け入れ経験がある森林組合では、９月、10月のキャップストーン時期にはそれを見越して業務を用意しているところもあるそうです。

京都林大が情報共有の拠点に―就業実態と定着の課題

こうして就職した学生が定着していけるように学校側としてどのような取り組みをしているのでしょうか。卒業生の繋がりやアフターケアの実情について伺ってみました。

「キャップストーンで事業体と協定を結ぶために訪れた際に、そこにＯＢがいれば話を聞くようにしています。その際、職場での悩みや京都林大でこんなことを学びたかった、こんな資格

林大ＯＢが母校に立ち寄って情報交換することも多い

が欲しいという声を聞いて、カリキュラムなどに反映をしています。キャップストーン研修中はその事業体にＯＢがいれば学生に付いて面倒をみてくれています」と志方さん。

卒業生が就職先での悩みや課題があった場合、学校側はどのように対応するのでしょうか。その問いに山﨑さんが以下のように答えてくれました。「従来、林業事業体が必要に応じてハローワークで求人を出して、雇われた者が待遇面など職場環境が悪いと辞めていく。つまり、そっと雇ってそっと辞めていく実態の中では、辞めた事実・経緯の情報が表に出てきません。

ところが林大生が就職するということで、その職場で抱えている課題や悩みが林大を通じて行政にも情報が伝わっていく。つまり従来、表に出て

「森林公共人材専攻」の卒業研究で「木の駅の PR」

こなかった様々な課題や情報が顕在化できるわけです。林大生にとっては悩みや課題を言える場があるということですが、業界としては表に出てこなかった問題・課題について、行政や事業体が堂々と協議し対策が打てる環境作りに繋がるのではと期待しています。

課題をオープンに話せる場が増えれば、改善に向けた動きが促進され。さらに、良い人材を採ろうとすれば、職場環境も良くしなければという考えに繋がっていくと思います。

また、近い将来、林大ＯＢたちが林業事業体の中堅になって、林大から良い人材を送って欲しいと言いに来る関係ができれば良いなと思います。安全をはじめ、林大できちんと教育してもらえれば自分たちも楽になることに彼らは気付くはずです。

人材養成で卒業生と学校が上手く繋がれば、それは林業の定着にも繋がることになりますし、両方がＷｉｎ－Ｗｉｎになれるわけです」と山﨑さん。
このように卒業生を送り出すことで、少しずつ林業の就業環境改善に繋がることも期待できそうです。

〈京都府立林業大学校概要〉

京都府立林業大学校は、西日本初の林業専門大学校として２０１２（平成24）年４月に開校。

●教育理念

①実践的な技術・知識を身につけて第一線で活躍できる人材、②森林保全活動から野生鳥獣害対策まで幅広い地域活動を支える公共人材、③森林組合等林業事業体の経営力向上を支える人材。

●教育方針

修学年限２年の「森林林業科」では、森林・林業の基礎から経営管理、実践的な技術・

入学式後に行われる「日本海ウォーキング」での一コマ

知識まで、即戦力として活躍するのに必要な力を2年間で学び、様々な資格を取得し、就職に結びつけることを目指す。定員は20名程度。

また「林業専攻」と「森林公共人材専攻」の2専攻があり、京都府独自の高性能林業機械操作士の資格や、森林公共人材専攻では「森林公共政策士」の資格が取得できる。

●授業の流れ

9分野71科目の講義・実習及びキャップストーン研修と呼ばれる長期のインターンシップによる実学実習で構成されている。

○第1学年では、前期に主にチェーンソー、刈払機等林業機械の安全操作、ハーベスタやグラップル等の車両系建設機械の操作に必要な技能講習を専門機関から学び修了書を取得。後期は木材加工や林業経営の分野を加え、現地・座学。10月には「三行脈型濃密実習」、3月には1週間程度の「インターンシップ研修」による就業体験。
○第2学年では、前期に専門講義、専門実習を行い、後期の9月、10月にキャップストーン研修。学生は森林組合や林業事業体等で1カ月ずつ2つの研修先から実際の業務を学ぶとともに、この研修を通じて就業に向けたマッチングも兼ねている。11月以降は卒業研究。

月刊「現代林業」2016(平成28)年7月号より

京都林大ＯＢに聞く―即戦力と定着のためのポイント

取材・まとめ／編集部

京都府立林業大学校の卒業生で地元の京丹波森林組合に就職した3名と志方教授を交えて母校への要望など率直な意見を伺った。

自分で考える基礎、安全管理に妥協はしない姿勢

Q：まず自己紹介をお願いします。

髙﨑：僕は第1期生で、京丹波森林組合の森林整備課に勤務しています。

様々な補助金の申請事務から、測量、伐倒もやります。搬出間伐をやることもありますし、

左から、髙﨑則兎さん（第１期生）、藤本和磨さん（第１期生）、人見栄一さん（第３期生）

個人さんから家の裏の木を伐ってほしいという依頼をいただくこともあります。

藤本：僕も第1期生です。森林業務課で分収造林での森林調査だったり路網設計を担当しています。特に多いのが路網関係でルートを選定してそれの測量をして、作業班の方に依頼したり。ルートを決めたらその所有者さんに同意を取り付けに行ったりしています。

人見：僕は3期生で今年4月から総務課で会計を担当しています。林大に来る前は前職で事務方をしていました。

Q：まず就職を決めるに当たってキャップスト

ーンはどのように活用されましたか。

人見：僕は名の通っている日吉町森林組合さんで勉強したいということと、就職自体は京丹波森林組合を考えていましたので第2クールの方は京丹波森林組合に1カ月。ですから1つは自分の学びたいことを学びに行って、もう1つは自分の就職するところの職場の雰囲気などを体験しに行こうと考え就職させて頂いた次第です。

髙﨑：1期生は1カ月ごと3カ所違うところに行きました。京都市森林組合、京丹波森林組合は就職先の候補として、もう1カ所は製材所に行きました。その結果、今の京丹波森林組合に採用が決まりました。

藤本：1カ所は京都府森林組合連合会、もう1カ所はNPOで公園管理として宮津の森林公園の管理を体験しました。府の職員を目指していたので残りの1カ月はその準備に使っていました。就職先である京丹波森林組合にキャップストーンは行っていないのですが、僕は地元出身で家業が農業なので、地元で就職も良いなと思い京丹波森林組合を受けました。

Q：林大で学んでどのようなことが良かったですか？

髙﨑：何も知らない状態から林業事業体に就職して1から学び始めるというのと、林大で学んでから林業事業体に入るのを比較すれば、機械を使うにしても木を伐るにしても、現場だけやるのであれば、即事業体に入った方が2年間の技術面での伸びは大きいとは思います。

しかし林大では実習と座学を両方やって、基礎的な部分、例えば森林生態系だとか、その辺まで幅広くベースを築いてもらうことは、現場だけではなく管理や経営など、後々のことを考えると、自分で考える礎ができるという意味では有意義だと思います。

ただ学校で教えるのは理想みたいなものなので、それと実際の仕事とのギャップに悩むこともあります。自分なりに林大で得たことを活かして、取り組んでいけたらと思います。

Q：林業事業体からすると、林大に何を期待しているのですか？

髙﨑：それは事業体によっていろいろです。ただ、現場作業員であれ、監理する業務であれ、林業全般を知っていることはマイナスにはならないので、仮に監理を担うにしても技術を持っておくことは必要だと思います。

人見：現場で作業をする上で資格がどうしても必要になってきます。林大で必要な資格を全部取得させていただいているので、会計の僕がいきなり現場に行けと言われても、作業はできるんです。そういう部分では林大を卒業して、知識と技術と資格をある程度揃えた上で就職する方が、事業体としてもメリットが大きいのではないかと思っています。

Q：林大で講師（補助）をされたりすることはありますか？

髙﨑：はい。組合で林大の実習講師の依頼を頂いておりまして、私も講師補助として参加する機会がありました。そこで後輩の実習する姿を見て、もうちょっとこの辺りのことを実習の内容に入れた方が良いのではとか、いろいろやり取りをさせてもらっています。

Q：講師をやることで何か変化がありましたか？

髙﨑：人に説明することは前準備が必要ですし、心構えも見直すことに繋がります。例えば普段使っている重機でも構造・特性などを知っておく必要があります。特に安全については林大では授業できっちり指導していますので、講師の立場になれば、彼らに恥ずかしくないように安全に対しても自ずと意識を持つようになるかと思います。

現に、ウチの森林組合でも組合のヘルメットがイヤマフやフェイスガード付きのものに変わりました。

人見：安全管理に関しては林大で徹底的に教えてもらっているので、その教えはずっと持っておかなければいけないかなと思います。昔からこうだからというのでは安全確保ができないことも出てきます。

僕らも卒業するまで耳にタコができるぐらい、安全に関してはたたき込まれているはずですので、妥協することなく続けていけば安全な職場環境になってくるのかなと思います。それこそが林大OBとして事業体の安全体制に多少は貢献できることなのかなという思いはあります。その点、当組合は林大と講師で関わりがありますので、安全に関しては結構うるさい方です。

Ｑ：就職者が定着をするという面では怪我をしたら定着できませんね。

どのような人材を募集しているのかを把握する

Ｑ：では、定着するポイントとして、どんなところがあると思いますか？

藤本：就職する前に自分がどんな仕事をしたいんだろうということを考えて就職した方が良いです。森林組合にしても職員と作業班とは全然違います。僕は現場作業をやりたいと思って入ったのですが、実際は職員として、しかも林道路網担当でした。

人見：まだ森林組合に入って数カ月の立場で何とも言えませんが、定着だけの話で言うと、どの業界もそうですが職種はたくさんあるものです。実際に林業に入って、現場といっても現場作業にも幾つも種類があって、自分が何をしたいのか。ただ単に林業に就きたいということだけではなくて、林業の中の例えば伐倒とか、重機に乗るとか、僕のように総務経理でも構わないとか、幾つも職種がある中で、自分が行くところがどの人材を募集しているのか、きっちり把握した上でそこを受けるべきではと思います。

　私自身、募集が総務職でかかっていたのを承知の上で京丹波森林組合に御世話になることになりました。自分自身が本当に林業の中で何をしたいのかということをちゃんと見定めた上で就職することが、離職率を下げる1つの方法じゃないかと思います。

　キャップストーン自体は自分たちが行きたいところに学校側が調整を掛けて下さって御世話になるのですが、そこが求人を募集しているのかどうか、というのもまだ定かでないところがたくさんあります。まず募集が掛かるのかどうか、募集が掛かるのであればどういう職種を相手先が希望されているのかが分かると、また自分にその仕事ができるのか、自分がしたい仕事なのかという判断がつくのではないかと思います。全く知らないで就職するよりはキャップストーンで1カ月経験しているというのは、林大としては非常に有効な強い武器であるかと思っています。

　そして自分が決断して選んだ職場で間違いがなければ、そこからは自分の責任になりますから。

髙﨑：僕は1期生ということもあったのかもしれませんが、求人票が出る時期が世間の就活よりもだいぶ遅くて、もしも林業の方でダメだったら別の道を選ぶことが難しかった気がしました。そういった経験を踏まえてですが、学生は授業を受けるだけではなくて、自分でもいろいろ調べて欲しいです。林大はモラトリアムで来たらアカンところだと思います。

人見：林業はそれなりの覚悟がないと続けられないところですし、その厳しさを知る上では林大は良いワンクッションになっていると思います。つまり林業職自体が給料が安いんですね。その辺りの現実も早い段階で在校生は知っておいた方が良いと思います。その上で、林業に就くというのであれば、それ相応の覚悟が必要になってくると思います。

Q：卒業されてからこういうことをもっと学びたかったということはありますか？

髙﨑：林大の実習では伐倒して土場に出すところまでで終わっています。事業体として収益を上げて行くには、その後、木がどのように流通して売買されていくのか、需要者のニーズを知らないと利益を上げるための対策が取れないと思います。買い手が何を必要としているのか。

さらにそれを見越してどういった山に育てるべきかという視点も大事になるかと思います。

先日も現場でプロセッサで造材する時、どこで採材をしたら良いのか分かりませんでした。買い手が要求する商品のイメージが分からないことを痛感しました。

ですから林大には、材を仕分けるとき、行き先別に、市場であったりとか合板の工場であったりとか、それらを見分けられるような目を持った人を育てることも期待したいです。

志方：採材の授業と高性能機械操作の授業の「つなぎ」に工夫が必要と考えていました。この点を指摘してもらったと思います。

人見：林業といっても会計は重要です。こういう流れでお金が入ってきて、それが費用に還元されてというような初歩的な簿記を少し入れると、もっとコストのことを考えて施業とか、プランが立てられるのではと思いました。

藤本：僕は林大で仕事に必要な資格等を一通り取らせていただけたのですが、実際に就いた職場が森林路網で作業道の関係をやっているので、組合から2級土木の資格も取って欲しいと言われたりします。

髙﨑：今後は、卒業してからもスポット的に何か学べるような場が林大にできたら良いなと思います。林大の卒業生に限らず、林業に従事している人全体にそういう場が開かれていたら良いと思います。

志方：それをやっていかなければならないと考えています。林業の勉強は2年で終わりではなく生涯教育だと思います。

技術もすぐに変わりますし、施業技術や森林計画などの考え方も徐々に変わっていく。その時その時の政策やテーマがある。

開校当時、集約化施業全盛みたいなところがありましたが、今はそれだけではなくて、もっと先の育林、育苗のこともやっていかなければなりません。長い時間軸で見ていかなければならないから、逆に卒業生が、今新しい技術が入ってきましたということであればそれを学びに来れる形にしていきたいと思うところではあります。

例えば10期生が当たり前に教わっている技術が、それよりずっと以前に卒業した先輩方にしたら変わっている技術になる可能性がある。だから林大を介したアフターケアは必要だろうと考えています。

Q：こうした学校を軸としたＯＢや林業従事者のネットワークが活かせれば心強いのですね。

髙﨑：学校と今の職場だけではなくて、同窓生を通じて他の職場の状況の情報も入ってきます。実はそういう横のネットワークは凄く大きいと感じています。今も同期でちょくちょく集まって飲み会とかしたりしています。

月刊「現代林業」２０１６（平成28）年7月号より

事例編４

地域推薦、地元枠入学など就職・定着の工夫

島根県立農林大学校

地域推薦、地元枠入学など就職・定着の工夫

島根県立農林大学校

取材・まとめ／編集部

島根県立農林大学校教授の
古曳正樹さん

1994（平成6）年に全国で6校目となる「森林法施行令に基づく農林水産大臣の指定する教育機関」としてスタートした島根県立農林大学校。林業科では、卒業生の74%が林業事業体に就職し、定着率は100%、県内就職率も9割という実績を残してきた。いかにして地域の即戦力を養成してきたのか、その取り組みについて、島根県立農林大学校の古曳正樹教授に話を伺いました。

現場の需要に対応した資格の取得

Ｑ：こちらの大学校の概要を教えてください。

古曳：林業科について概略を説明しますと、１９７９（昭和54）年に島根県立農業大学校が新設され林業課程（１年制・定員５名）を設置しました。その後、林業従事者の減少、県立高校林業科の廃止など、このままでは林業従事者がいなくなるという林業界の強い要請を受け、１９９４（平成６）年に全国で６校目の指定教育機関で、人事院規則により短大二卒扱いとなる、「森林総合課程」（２年生・定員10名）に改編しました。２０１２（平成24）年には、林業を全面に出そうと校名を「島根県立農林大学校」と改称、科名も「林業科」に改称。近年の人材の要請を踏まえて、「森林プランナーコース」と「森林エンジニアコース」の２つのコースを設けることにしました。

先程の「森林法施行令に基づく農林水産大臣が指定する教育機関」の６校中、その後、大学に編入できる「専修学校」になったところも多いのですが、当校は専修学校化にしていません

（京都府立林業大学校も同様）。

やはり地元の即戦力になる者を養成したいということで、現場で実際に役立つ勉強をさせることを目的に、専修学校にしない方針を採っています。

目的としては、森林林業に関する豊富な知識と高度な技術及び経営感覚、企画力を備えた中核となる林業技術者を目指すこととしています。

本校は大田市にありますが、林業科につきましては２００６（平成18）年に飯南キャンパスとして島根県中山間地域研究センター内にキャンパスを置いて、実習をさせています。

理由としては、ここは中山間地であり、隣接地に県有林や町有林（飯南町）がありますし、研究センター敷地内にも若干の演習林があってフィールドに近いことがあります。また、研究センターには研究員がおりますので、最新技術の情報を持った講師として指導もお願いできることがあります。

入学資格は高等学校卒程度で2年制で1学年10名の定員です。

目指すのは即戦力となる人材の育成ですが、現在、県内で求められている人材は大きく分けて２つ。

まず、高性能林業機械を安全かつ高度に使え、低コスト林業を現場で実現できる技術者。も

島根県立農林大学校の教育の特徴

森林の適切な管理方法や林業機械を使用した木材の伐採や搬出など「森林を守り・育て・活かす」という視点に立って、森林・林業に関する知識や技術を実習中心のカリキュラムを通じて習得させています。

①実践力を磨く教育

林業機械教育では、メンテナンス研修、基本操作実習に加え、現場での実践を想定した実習を行うことで、機械の操作技術の向上と多様な現場での状況判断能力を磨くことで実践力を高めます。

②感性を磨く教育

森づくりから造園、木造建築分野まで多分野の方々を講師に招き、幅広い知識が習得できます。学生は様々な分野の考え方を学ぶことで感性を磨き、自由で柔軟な発想を導き出す力を身に付けます。

③人間力を磨く教育

２年間で３００時間設けられている「特別活動」の時間を活用し、本校主催の「農大祭」や地域主催の催しで、林産物販売や模擬店を通じ社会常識やマナーを身に付け、湿地保全や海岸林再生活動に参加することで、コミュニケーション能力や組織での協調性を身に付けます。

う1つは、特に森林組合等で林業経営に必要な知識を持って、提案型集約化施業やコスト管理という実務を担える技術者、という人材となっています。当校としてもこの2つの人材を育成できるような実習計画やカリキュラムを心掛けています。

2年次実習では選択制で、「エンジニアコース」では高性能林業機械や路網などを活用した低コスト作業システム技術等の習得を、「プランナーコース」では、森林評価、

表1　島根県立農林大学校林業科で取得できる資格・免許

・大型特殊自動車免許	・チェーンソー作業従事者特別教育
・フォークリフト運転技能講習	・刈払機取扱作業者に対する安全衛生教育
・小型移動式クレーン運転技能講習	・林業種苗生産事業者講習会
・玉掛け技能講習	・救急法救命員
・車両系建設機械運転技能講習（整地・運搬・積込み用及び掘削用）	・森林情報士２級（卒業後申請）
	・毒物劇物取扱者（一般、農業用品目）
・機械集材装置運転者業務特別教育	・危険物取扱者免状（乙種４類）
・林業架線作業主任者免許規程による講習	・ボイラー取扱技能講習
・車両系木材伐出機械等運転業務特別教育	・狩猟免許（わな猟免許）

コスト感覚を持った施業プランの作成・提案等に関する技術の習得が選べます。このように学生の希望に合わせメリハリを付けた勉強ができるようにしています。

併せて、林業関係の資格は全部取れるようにカリキュラムを組んでいます。

このほか希望者に応じて、ボイラー取扱技能講習、危険物取扱者も取得できます。

最近、県内の伐採現場が急峻であること、２つの木質バイオマス発電施設が稼働して年間12万ｔもの材を供給するために全木集材が行われることなどから、伐採現場では架線系の作業システムへの関心が非常に高まっています。そのため県内の林業事業体からは、林業架線作業主任者免許の講習修了資格が非常に重宝がられております。いざ取得しようとするとなかなか難しいものですが、当校では100時間の講習を組んでおり、実務経験2年で資格を取れるという状況で卒業させますので、林業事業体からは大変好評をいただいてます。

就職率100％で9割が地元に就職

Q：就職に対しての取り組みについてはいかがですか？

古曳：今申したとおり必要資格の取得をはじめ、手厚い就職支援をしています。

例えば、2年次の9月に3週間ほどインターンシップを実施し、基本的に県内で就職したい者が多いので、学生が勤めたいところにお願いをしています。学生もその事業体の状況がわかりますし、相手もこの学生はというところでお見合いの場にしておりまして、大半の学生がインターンシップを終えて内々定をもらってきます。

Q：採用予定がない事業体に学生が行きたいといった場合はどうするのですか？

古曳：それはあります。その場合、就職先についてはこちらで探します。1番の問題は一般の大学生と違って就活の時間がないことです。基本的に親御さんと本人と私どもが面談したりして、私が推薦書を持っていろんな事業体に一度見てほしいとか、試験してほしいとかという話をさせてもらっています。県外では埼玉の森林組合にも行きました。一般の大学生だと自分で就活するわけですが、当校は2年の最後まで全部実習なので就活の時間がありません。少人数なので就活の面倒をみることができるわけですから、就職先についてはこちらで探したりもします。

また、こちらで見ていて、例えば伐倒より造林や保育の方が向いているのではないかと思ったら、森林組合等の造林班を勧める、あるいはチェーンソーの扱いがうまいと思えば民間の林業事業体を斡旋するというような指導も心掛けています。

Q：実際就職状況はいかがですか？

表２　島根県立農林大学校の就職状況
（1995～2015（平成7～27）年度）

森林組合	林業事業体	林業団体	公務員	その他産業	その他	進学	合計
55	49	7	11	23	6	2	153

図１　卒業者の就業状況

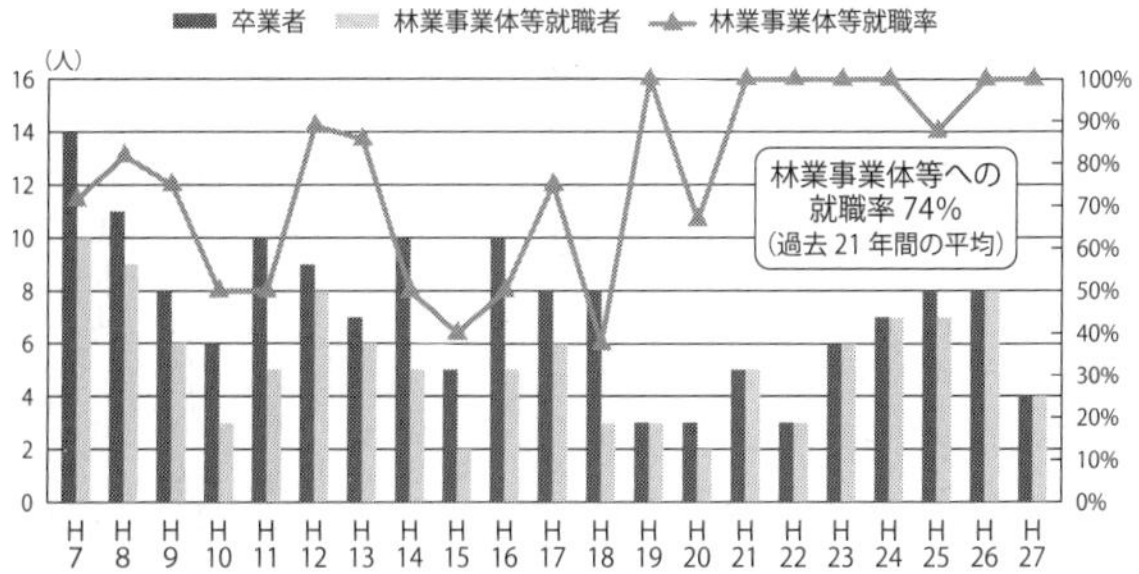

古曳：１９９４（平成６）年度に改編してから２０１５（平成27）年度卒業まで１５３名の卒業生がいますが、ほとんど林業事業体に就職しております。ここ数年は就職率は１００％です。１５３名の内、林業関係で見ますと、森林組合が55名、林業事業体が49名、林業団体が７名で、全体の74％になります。

その内の９割が地元島根県に就業していますので、地元の定住促進にも貢献していると自負しております。

Q：県外からの学生はどうですか？

古曳：県外からの学生も数名います。その学生は本人も地元に戻りたいし、親も地元に残ってほしいから当校に入れて、地元の森林組合なり民間事業体に勤めさせたいという思いがあるようです。昨年も、3名ほど県外からの学生が就職しましたが、1名が県内の森林組合に就職しました。残りの2名はそれぞれ出身地の森林組合に採用されました。県内の学生が県外に就職することはほとんどないです。

実践力を高める集中した機械実習

Q：実践力養成のためのどんなところに力を入れていますか？

古曳：林業機械の教育に重点を置いているところです。最終的には実践を想定した演習、そこに持っていけるようなカリキュラムを2年間で組んでいます。そうすることである程度の力を持って就職できるようにしています。

例えば、1994（平成6）年から当時としては珍しいタワーヤーダとプロセッサを導入して基本的な操作をさせたり、メンテナンスの練習をさせたりしています。最近はハーベスタなど新たな機械のニーズがありますから、それらの機械についてはレンタルして、ここで実習をしたり、近くの県有林あるいは町有林を使わせていただいて実習をしています。

プロセッサは大田市の本校に配備していますので、本校広場で基本的な作業を練習します。ハーベスタについてはリースで借り上げて、実際の現場で学生に木を伐らせ、架線系のタワーヤーダ、あるいはスイングヤーダで集材をして、玉切りしてフォワーダで運ぶわけです。その一連の作業を1週間集中的に演習をします。もちろん前段ではチェーンソーでの伐採作業もさせます。そういうことが評価されて求人が多いのかなと思っています。

Q：先ほど、架線に力を入れていると仰っていましたが？

古曳：当校には集材機があり、労働安全を含めた学科を50時間、実技を50時間実施し、資格を取得することを中心にしております。タワーヤーダの実習では実際にタワーの設置の訓練や木を架線で運ぶことを実習します。

この他にも学生には、伐倒した木を当校の所有するスイングヤーダで3日間様々な集材方法を学ぶ実習をさせています。初日はスラックライン方式、次はフォーリングブロックと、様々な索張方式を学生に習得させ、運転実習も行っています。

このように集材機を使った資格取得の講習に加えて、現場に適したやり方を自分で判断して使える力を養えるように取り組んでいます。

せっかく少人数なので、もっとゆったり学生のレベルにあった教育ができればよいのですが、そうすると講師料や機械のリース料等の経費増となります。その中でできる限り工夫しながら、効率的にやることを心掛けています。

Q：効率的にできる理由は、機械があること、フィールドが近隣にあること、講師も研究センターにお願いできるということですか?

古曳：実習フィールドが近くにあることは大きいです。遠くであれば出かけるだけで経費がかかりますが、そういうことはありません。寮も近くにあり、希望者は全員寮に入っています。

まず有利になる資格はきちんと取ってもらいたい。そのため様々なフィールドで練習をさせるようにしています。初期の段階では大田市の本校の広場で練習する。また、刈り払い練習では、学校周辺で少し練習して、近くにスキー場があるので、そういった危なくない平たい場所で練習し、徐々にレベルアップしていく。最終的には県有林などの急峻な現場で実習を行います。

またチェーンソーの使い方であれば、基本的な座学はもちろん、きちんと目立てやメンテナンスもできるようにさせます。その後、学校周辺で丸太をつかって追い口、受け口などの研修を十分にやらせた後に、なだらかな現場でなるべく細い木を１人何本か伐らせて、徐々にレベルアップを図っていく。最終的には広葉樹や大径木も伐れるような力が付けられるように実習計画を立てています。

学校を出た時には、それなりに使えるようにしたい。林業機械だけでなく、少なくとも刈払機やチェーンソーはやはり大学校を出ているねと評価されるぐらいのレベルになってもらいたいと思っています。

Q：県立なので県有林の支援があるというのはわかりますが、町との連携というのはどんな感じですか？

古曳：地元の飯南町からも手厚い協力を得て町有林を使わせてもらっています。県有林と町有林の使い分けは特にはありません。例えば町有林で間伐を計画しているのであればそこでやらせてもらうとか、伐採がある、下刈りがあるということであればそこでやらせてもらう。それが難しい場合は、地元の飯石森林組合があるので、そういったところで事業を一緒にやらせてもらいます。

このように県、町、森林組合には多大なご支援をいただいています。

Q：講師の選定はいかがですか？

古曳：外部講師として森林組合の職員であったり、機械メーカーの方だったり、さらにはここの研究員にお願いしています。内容の幅が広いので、県内の住宅メーカーの社長さんに住宅建築現場で講義をしてもらうこともありますし、県森連の共販所の所長さんに市場動向だとか、木の見方、検収、採材によって何mに伐った方が良いとか、なるべく各業界の様々な方に講師をお願いしています。

この他に、例えば地元の森林組合に勤めている現場の作業班の班長さんに伐採指導してもらうなど、臨機応変にやっています。こちらも学生の習熟度を見てお願いをしたりしています。

カリキュラムの改良、天候に合わせた実習運営

古曳：それから卒業生にも「学校の授業でどんなものをもっとやっていれば現場に出た時に良かったか」という聞き取りもしています。カリキュラムも卒業生の感想に応じて少しずつ毎年見直し、時間の配分も含めて内容を改善しています。

　例えばもっと伐採をやっていた方が良かったと言うことであれば伐採時間をもっと増やそうとか、ＧＰＳ技術が必要という声があれば、実際に山で実習をしてみる時間を増やしてみたりしました。

　それから当地は豪雪地帯なので夏休みは盆休みのみで冬場に休みを多くしています。冬場は座学ができますが、座学の遅れて良いものは1月、2月にやって、雪のない時期は天気が良ければとにかく実習をさせますね。

　その辺のやりくりが林業は難しいですね。今日は台風で伐倒はダメだから座学にするとか、天気が良いから座学ではもったいないので外に出るとか柔軟に調整しています。

即戦力養成の実習風景

集材機による
架線集材実習風景

タワーヤーダに
よる架線集材実
習風景

ハーベスタによる
実習風景

バックホーによる
路網作設実習

高性能林業機械の操作を学ぶ

雪の多い時期は座学を
集中させる工夫も

定着率100%の理由とは

Q：定着率についてはいかがですか？

古曳：一昨年前に20周年記念の案内を卒業生に出すために2003（平成15）年度からここ10年ぐらいの卒業生と連絡を取ったところ、皆、就職した林業事業体を辞めていなかったのです。

直接の理由はよく分かりません。ただ私はこう考えます。一昨年、ある高校の生徒さんが当校に進学したいという話がありました。しかし地元の事業体がどうしても若い人がほしいからとお願いをされて、高校も含めてこちらの進学をお断りされてその会社に勤めたのですが、3カ月で辞めてしまったということです。

やはり高校生が林業に勤めたいといってもどんな仕事かわからないと思います。知識も技術もないのにいきなり現場で作業をすれば「危ない」とか先輩から叱られることも多いはずです。その後、その事業体も高校も、我々も、当校に入学してもらえたら良かったのにと話すことがありました。

この話を通じて、学生が当校に来て2年間で林業とはどういうもので、どういう仕事があるのか、引き合いも含めて自分が理解して、自分は森林組合がよいとか、民間事業体の伐採がよいとか、あるいは造林会社がよいとか、そういうことを考えながら就職することが辞めないことに繋がるのではないかと私は考えています。

ですから、こちらから高校訪問をする際にはそういう話をしています。とは言っても地元の事業体からは高等学校卒業者がほしいと言う声もある。そこはちょっと待ってもらって、当校で２年間学べば必要な資格を取らせるし、林業というものをきちんと理解してもらってから就職した方が本人のためになるという話をさせてもらっています。

事業体が推薦する「地域推薦」制度

古曳：定着率を高める事例を２つ紹介いたします。

当校の入試には４種あり「出身学校長推薦入学試験」、「一般入学試験」、「地域推薦入学試験」、「自己推薦入学試験」があります。ここで当校の特徴として挙げたいのが「地域推薦」です。これは地域でこの学生は将来、地域林業の担い手になるという意向で、地域の事業体や林業活性化センターが推薦できる制度です。

例えば今年入学した1名は、県内のある森林組合が、当校で2年間勉強した方が良いということで、事業体からの推薦で入学しました。

自分のところで高等学校卒業の若者を採用しても、すぐにいろんな資格も取らせなければならないし、教育もしなければならない。それに本人も林業というものがわかっていない。その中でせっかく林業をやりたいと言っているのに潰してはダメだという考えがあって、当校へ推薦をされたのだと思います。今、地元の林業事業体もそのように考えているのだと思います。

当事者は、卒業した後の就職先が1番悩むところです。事業体なり、地域なりが雇用の受け皿になるから頑張ってこいという土壌をつくりたいと考え、数年前から林業科についてはこうした林業事業体の推薦枠を増やしているのです。

就職確約の教育システム

古曳：さらに最近では、当校に進学した学生が卒業時に地元の事業体に就業できる地元枠を確保することで、地域の林業就業を図る取り組みを進めています。

具体的には地元の林業事業体とのネットワークを持つ「林業活性化センター」が林業事業体の求人情報を把握し、学生が当校卒業時の求人枠を事前に確保する。それを地元高校に林業活性化センターと当校が説明することで、高校も安心して当校への進学を学生に勧めることができるというものです。

実際、県西部の「高津川流域林業活性化センター」が地元の事業体の求人情報を集め、当校と共に地元高校に当校卒業後の就職先の確保について説明しています。これを受けて、高校側でも当校での2年間が終わったら地元の事業体に必ず勤めてもらうという約束ではないのだけれども、まずは頑張ってみようということで働きかけてもらっています。

そのせいかどうかわかりませんが、今年の入学した学生の2名は西部から来ています。従来は東部からの学生ばかりだったので早速効果が出たように思います。

また、このシステムにはいくつかの副次的なメリットが考えられます。

まず事業体としては資格取得や研修に行かせるといった負担が省けるだけでなく、高い技術を持った即戦力が確保できます。さらに学生にとっても林業についてじっくり向き合う時間を持つことができます。これで先ほどの離職の事例のような不幸な展開は避けられるでしょう。

そして本県は地元での就職への意識が高いこともあり、当校で学んだ後に地元で就職できるということは、本人にとっても親御さんにとっても好ましいことではないでしょうか。地元で林業に興味を持っている若者がいれば、当校でまずは見極めてもらえればよいわけです。ダメだと思えば違う方向に進めばよいし、林業はこういうものだということを知って就職してもらうことが定着率を高める1番のことだと思っています。

こうした地域との繋がりを大事にしたこともあって定着率が１００％になっているのかもしれません。

ちなみに、当校では昨年サテライトキャンパスとして林業科だけで西部の益田に行って、学校紹介や授業を行い、また、伐採現場や製材所も見てもらったり、学生を連れて行って交流会も実施しました。

卒業生への丁寧なアフターケア

Q：卒業生のアフターケアはどうしていますか？

古曳：就職して勤め始めた学生については、６月頃から県内の各事業体に出向いて卒業生の様子だとか、どんなことをもう少し勉強させた方がよいかなどを聞いて歩いています。

その時に個人の悩みとか何かあればそこで聞きます。上司もせっかくだからと気を使って席を外される方もいます。授業でもっとこんなことをしておけば良かったとか、今こんな思いだとかを聞いたりしています。

Q：ＯＢがこちらに来て相談しに来ることはあるのですか？

古曳：仕事の関係で立ち寄ったりとかはよくあります。昨年も１人後輩に学ばせたい内容があるといって来ました。さっそく実習に取り入れ実習補助員でつきあってもらったりしたことがありました。

Q：最後に何か課題はありますか？

古曳：現状の課題は経費です。農業については農業助長法という法律に基づいて全国の農業大学校には研修経費が国から出ていますが、林業にはそれがないので、地方自治体の予算の中で何とか回しているのが実情です。林業の人材育成のためにも林業にもこうした制度があるとよいと思います。

月刊「現代林業」2016（平成28）年7月号より

事例編５

短期・基礎・専攻の３課程併設方式

高知県立林業学校

短期・基礎・専攻の3課程併設方式

高知県立林業学校

高知県林業振興・環境部 森づくり推進課 チーフ（担い手対策担当）
山下 博
高知県林業振興・環境部 森づくり推進課 チーフ（林業学校担当）
遠山 純人
（所属は執筆時）

林業・木材産業の活性化と労働力不足

高知県は県土の84％が森林という全国一の森林率を誇る森林県です。森林面積は約60万haで、うち人工林面積は約39万haとなっており、そのほとんどは戦後の復興のため急増した木材需要に応えるために植林されたスギ・ヒノキの人工林が占めています。現在、人工林は植林されてから50年生から60年生となっており、スギを中心に成熟期を迎え、総蓄積量は約１億６０００万㎥で、年間成長量は約３００万㎥となっています。

この豊かな森林資源を余すことなく活用し、中山間地域の活性化につなげていくことが求められており、第３期産業振興計画では、原木生産のさらなる拡大、加工体制の強化、流通・販売体制の確立、木材需要の拡大、担い手の育成・確保を５つの柱として位置づけ、成熟した森林資源をダイナミックに活用するよう川上から川下まで一体的に取り組みを進めています。

こうした中、２０１３（平成25）年８月には四国最大級の製材工場「高知おおとよ製材」が操業を開始しました。また、２０１５（平成27）年４月からは、端材などの木材資源を主燃料とする「木質バイオマス発電施設」が県内２カ所で発電を開始しています。さらには、飛躍的な木材の需要拡大が期待できる「ＣＬＴ」を活用した施設の建築が県内各地で進めてられています。

こうした取り組みにより、これまで約40万㎥であった原木生産量が２０１４（平成26）年度末には61万㎥となっており、今後、さらなる原木需要の拡大と林業・木材産業活性化への期待が高まっています。

図１　高知県林業学校設立の背景（現状と課題）

〈現状〉

- 緑の雇用事業研修：新規就労者を対象としたOJT研修や集合研修
- 高校生林業体験講習：林業就業希望者や高校生を対象とした林業体験研修
- 小規模林業推進協議会：林業活動の情報共有や森林・林業の知識・技術の修得等のスキルアップへの取り組み

〈課題〉

- 林業就業者や自伐林家の方々が林業経営等を学び直しする機会が十分でない。
- 就業前の人材育成が十分な担い手の確保に至っていない。
- 労働条件の改善が進んでいないことなどから、年々、定着率が下がる傾向にあるため、離職を防止する取り組みへのニーズが高まっている。
- 事業体の経営改善のためには、経営能力を持った人材の育成が必要。
- 既存の担い手育成事業は技術養成が主であることから、森林経営やＣＬＴなど最先端の技術を持つ人材の育成につながらない。

一方、高知県の林業就業者数は、２００６（平成18）年度の１５０８人を底に増加に転じ、２０１２（平成24）年度には１６６２人となりました。しかし、２０１４（平成26）年度には前年度から60人減少し１６０２人となっています。これは、国の大型公共事業の影響を受けた建設業への流出や、高齢化による退職が要因として考えられ、林業の担い手の確保と人材育成は重要な課題となっています。

即戦力となる人材をすぐにでも育てて欲しい

２０１４（平成26）年度の林業就業者の年齢構成は、林業就業者の60歳以上の占める割合が38％と高く、今後、高齢化が進むことで林業就業者のさらなる減少が懸念されています。その一方で、原木生産の拡大と林業・木材産業の活性化には優秀な林業の担い手の確保がカギとなることや、県内の林業事業体からも「即戦力となる林業の担い手をすぐにでも育成してもらいたい」といった要望が多く寄せられています。こうした課題や現場からの声に対応するために、２０１５（平成27）年4月に新たに県立林業学校を設立することとなりました。

経験者を対象とした「短期課程」

林業学校には、「短期課程」、「基礎課程」、「専攻課程」の3つの課程を置くこととしており、このうち「短期課程」と「基礎課程」は、２０１５（平成27）年4月から開講しています。

1つ目の「短期課程」は、すでに林業関係の仕事に就かれている方の技術や知識のスキルア

図2　育成する人材像とカリキュラム

育成する人材

短期課程へ	基礎課程へ	専攻課程へ
■林業活動を実践している方々の知識や技術のスキルアップ ■対象者：森林組合等職員、小規模林業実践者、ボランティアの方	■実践的な技術・知識を持ち即戦力となる人材 ■対象者：新卒者、就業希望者、移住者	■地域の林業を支える高度で専門的な能力を持った人材 ■対象者：新卒者、就業希望者、移住者、基礎課程の修了者

高知県立林業学校

■短期課程

- ヨーロッパ林業を学ぶ
- 鳥獣被害対策
- 木材流通
- 木造建築
- 林業改革
- 元気な地域創造
- 小規模林業（自伐林家）向けコース
- 資格取得コース

など

定員：コースによる
開講時期：H27年4月から
期間：各コースにより1日〜1カ月程度

■基礎課程

- 森林生態学
- 森林科学
- 森林・林業経営
- 造林・育林技術
- 森林路網
- 里山保全・活用
- インターンシップ
- 森林施業
- 木材利用
- 林業機械
- 森林計測
- 技能講習
- 安全教育

など

定員：20人
開講時期：H27年4月から
期間：1年間

■専攻課程

□森林管理コース
- 公共政策
- 森林GIS
- 森林施業プランナー

□林業技術コース
- 高性能林業機械
- 架線技術
- 作業道開設

□木造設計コース
- 木造建築
- 木材加工
- 木材利用

など

定員：30人
開講時期：H30年4月（予定）
期間：1年間

ップを目指したもので、木造建築や鳥獣害対策といった幅広いテーマの中から自分の目的にあったテーマを自由に選択して受講していただくコースです。小規模な林業活動を実践しようとする方が、労働安全衛生の研修をはじめ原木の伐採から搬出・出荷までを自ら行い自立した事業展開ができることを目指した「小規模林業向けコース」や、「資格取得コース」、一流講師による講演などを実施しています。研修期間はコースによって異なりますが、短いもので1日、長いものでは1カ月程度、研修定員も10名程度から100名程度までさまざまな規模の研修を設定しています。

林業就業を目指す「基礎課程」

2つ目の「基礎課程」は、林業就業をこれから目指す方を対象としたもので、林業活動に必要な基礎的な知識の修得はもとより、安全教育から、チェーンソーの取り扱い、高性能林業機械の操作に至るまで、現場での実践的な研修を主体としています。そのため、チェーンソーや車両系林業機械、高性能林業機械など現場実務で必要となる12の資格を研修期間内に取得する

入校式

ことができます。ポイントとなるのはインターンシップによる就業体験カリキュラムです。これにより即戦力となる林業の担い手を養成するとともに、確実な雇用につなげていくこととしています。

研修期間は1年間で、定員は20名程度としており、2015（平成27）年度に卒業した第1期生14名は県内の森林組合や林業事業体に就職し、林業現場で即戦力となって活躍しています。また、2016（平成28年）度の第2期生19名については、現在、技能講習などの研修に取り組んでいます。

専門的な人材を養成する「専攻課程」

3つ目の「専攻課程」は、基礎的な技術はもとよ

フォワーダの操作実習風景

り、組織をリードする高度で専門的な能力を持った人材の輩出を目指し、「森林管理コース」、「林業技術コース」、「木造設計コース」の３つのコースを設けることとしています。

「森林管理コース」では、公共政策や森林ＧＩＳなどの講座を受講していただき、林業事業体の中核を担う人材の養成を目指しています。

「林業技術コース」では、高性能林業機械や架線技術などの高度な専門技術を習得する講座を受講していただき、林業技術のエキスパートを養成することとしています。

「木造設計コース」では、木材の特性や木造建築に関する講座をはじめ、ＣＬＴや低層非住宅の木造化について理解を深めていただき、木材利用や建築物の木造化を提案できる人材の養成を目指したコースとしています。

専攻課程の研修期間は1年間で、各コース10名程度の定員を考えており、2018（平成30）年4月の開講を予定しています。専攻課程では、全国から多くの方々が入校していただけるような魅力ある他県に例のない研修カリキュラムを設定したいと考えています。

地域や関係機関との連携

林業学校の運営に当たっては、地域の関係機関との連携が欠かせません。特にインターンシップの実施、研修フィールド、校舎建設などにおいて、さまざまなサポートをいただいています。

1．インターンシップの実施

「基礎課程」では、就職活動の一環として、研修生が希望する林業事業体にインターンシップの受け入れを依頼し、事業体での就業体験を通じて、研修生に林業を肌で感じてもらう機会とすることとしています。

実施に当たっては、林業労働力確保支援センターや林業事業体と密に連携をとることにより、研修生と事業体とのマッチングを図り確実な就業につなげていくこととしています。

2. 研修フィールド

伐木作業や作業道開設などの実技実習に必要な研修フィールドについては、地元の香美市のご協力により、無償で市有林を提供していただいています。安全性を確保しながら効率的に研修を実施できるよう、講師や関係者の方々と連携して進めていくこととしています。

3. 校舎建設

香美市土佐山田町の県森林総合センター内にCLTを活用した木造2階建ての新校舎を建設することとし、2017（平成29）年秋頃の完成を目指しています。2018（平成30）年4月には、「専攻課程」が開講しますので、既にスタートしている「基礎課程」や「短期課程」を含めた3つの課程による林業学校が新しい校舎で本格開校となります。

こうした林業学校の取り組みを通じて、即戦力となる人材の養成から、将来の高知県の林業界における核となる人材の養成まで幅広い人材を育成し、本県林業の底上げを図っていくとともに、若い人たちが夢を持って林業に就業していただけるよう、また、多くの方々に林業に携わっていただき、中山間地域の活性化にもつなげていくことができるよう、県として全力で取り組んでいきます。

月刊「現代林業」２０１５（平成27）年9月号より

資料編

・島根県立農林大学校（平成28年度教育計画より）
【森林法施行令第九条の農林水産大臣の指定する指定する研修機関】

・秋田県林業大学校（平成28年度研修カリキュラムより）
【秋田県・研修機関（県条例）】

・高知県立林業学校（基礎課程 年間カリキュラム（計画）より）
【高知県条例学校】

・京都府立林業大学校 森林林業科（平成28年度教育計画より）
【京都府条例学校】

（本編に紹介する各校のカリキュラムから編集部が抜粋）

島根県立農林大学校　林業科　科目体系イメージ

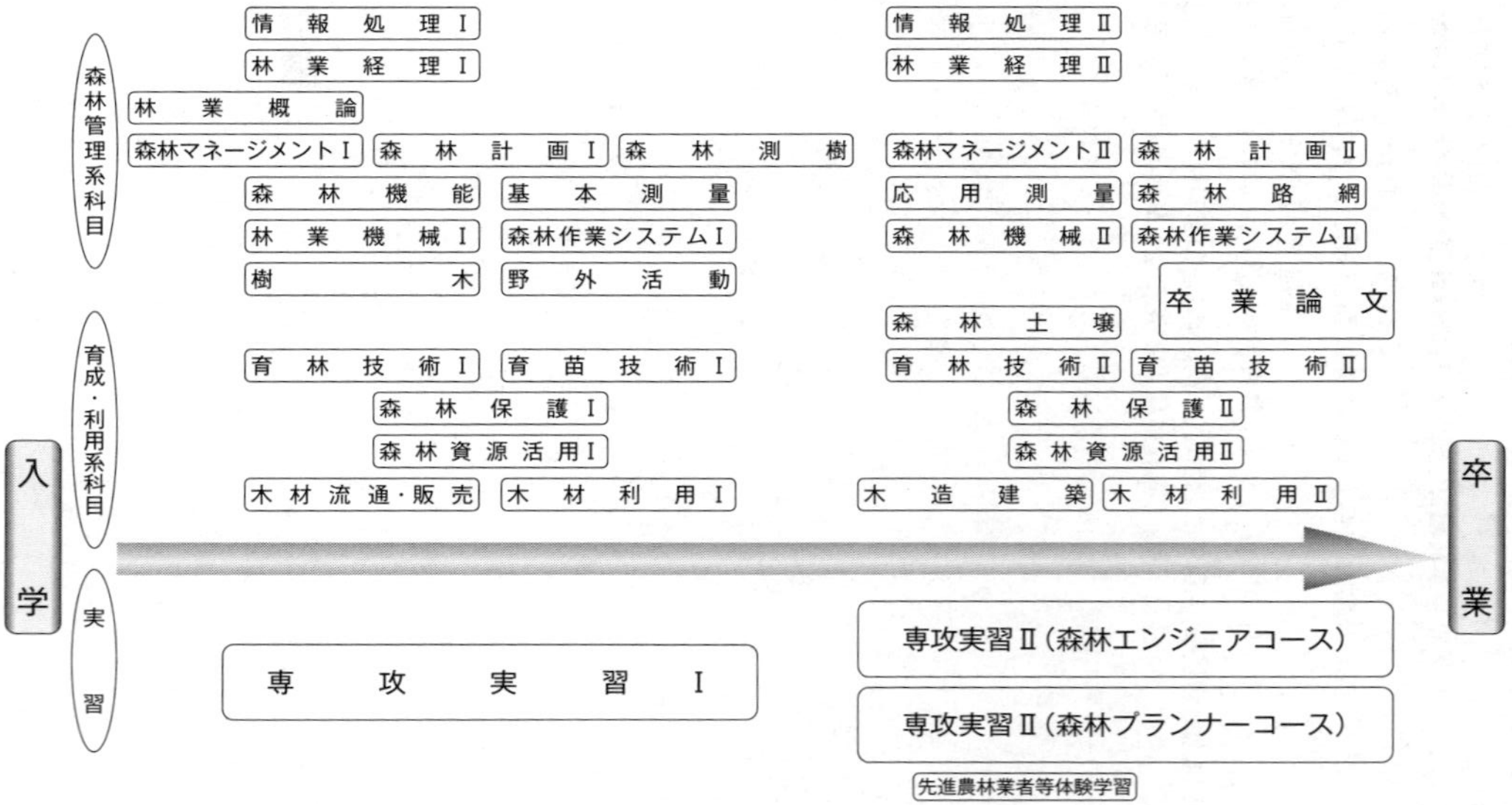

島根県立農林大学校

林業科科目

※平成28年度教育計画より編集部が抜粋

その1

	科　目	学年	単位	時間	ねらい
森林管理系科目	情報処理Ⅰ	1	2	32	コンピュータの基本的な操作、インターネット接続やワープロ・表計算／プレゼンテーションソフトの基本的な操作を習得する
	情報処理Ⅱ	2	2	32	コンピュータを活用し、卒業論文作成に役立てたり、農林業分野で活用するための応用力を身につける
	林業概論	1	2	32	国、県の林業情勢を把握し、森林の持つ重要性及び林業関係法令・施策を理解する
	森林マネージメントⅠ	1	2	32	林業経営の基礎及び林業関係施策ついて認識を深める
	森林マネージメントⅡ	2	3	48	林業経営の実態を把握し、課題解決方法について理解を深める
	森林計画Ⅰ	1	2	32	森林GISの概要を理解するとともに、GISの活用方法を習得する
	森林計画Ⅱ	2	1	16	森林計画の概要を理解するとともに、森林経営計画の作成について習得する
	樹木	1	2	32	森林・林業及び造園木の主要樹種の特性・識別法を習得する
	森林測樹	1	1	16	森林資源量を的確に把握するために必要な基礎知識を習得する
	基本測量	1	2	32	測量の目的、基礎知識及び林業経営に必要な測量法を習得する
	応用測量	2	2	32	壊れにくい作業道開設について理解するとともに、路線測量の基礎知識を習得する
	林業経理Ⅰ	1	2	32	簿記の必要性、基本原理など簿記の基本的な仕組み及び取引の記帳を理解する
	林業経理Ⅱ	2	2	32	取引の記録・計算・整理に関する知識と技術を理解し、経営分析を習得する
	林業機械Ⅰ	1	3	48	林業機械の構造、操作方法及び労働安全衛生に関する知織・技術を習得する
	林業機械Ⅱ	2	1	16	安全で効率的な木材生産技術を習得する
	森林作業システムⅠ	1	3	54	架線集材及び高性能林業機械に関する知識・技術を習得する
	森林作業システムⅡ	2	2	32	高性能林業機械作業システムの活用に必要な知識・技術を習得する

島根県立農林大学校

林業科科目

※平成28年度教育計画より編集部が抜粋

その2

	科目	学年	単位	時間	ねらい
森林管理系科目	野外活動	1	1	16	「体験教育・研修プログラム」をプロデュースし、森林林業教育を実施するのに必要な基礎的知識・技術を習得する
	森林機能	1	1	16	森林生態系の諸機能を理解し、地球環境問題の中で森林の役割について認識を深める
	森林路網	2	3	48	森林作業道の路線計画及び設計に必要な知識・技術を習得する
育成・利用系科目	育苗技術Ⅰ	1	1	16	林業用苗木養成に必要な知織・技術を習得する
	育苗技術Ⅱ	2	1	16	林業用苗木等の養成に必要な知識・技術を習得する
	育林技術Ⅰ	1	2	32	針葉樹人工林（単層林）の造林・育林作業の目的・実施方法について理解する
	育林技術Ⅱ	2	2	32	複層林や広葉樹林等の造成目的及び育成方法を理解する
	森林保護Ⅰ	1	2	32	森林病虫獣害の実態、被害診断及び防除法を習得する
	森林保護Ⅱ	2	2	32	野生鳥獣被害の診断、防除法及び造園木の管理法を習得する
	木材利用Ⅰ	1	2	32	木材の特性とその加工法及び木材利用について理解する（構造と材質、製材加工、木材乾燥、製炭）
	木材利用Ⅱ	2	1	16	木材の特性とその加工法及び木材利用について理解する（合板や木質バイオマス等の新たな利活用）
	木材流通・販売	1	1	16	素材、製材品等の流通・販売について理解する
	森林資源活用Ⅰ	1	2	32	森林資源の利活用（キノコ・木炭・山菜等）及び栽培技術を習得する
	森林資源活用Ⅱ	2	1	16	森林資源の利活用（枝物・特用樹等）及び栽培技術を習得する
	森林土壌	2	1	16	森林土壌の特質と主要造林樹種の生理生態を理解する
	木造建築	2	1	16	木造建築物について理解する

島根県立農林大学校

林業科科目

※平成28年度教育計画より編集部が抜粋

その３

	科　目	学年	単位	時間	ねらい
演習	卒業論文	2	4	128	【演習】専攻科目で学習及び実習で学んだ成果を参考にし、更に技術的・経営的課題としてまとめる
実習	専攻実習Ⅰ	1	22	716	林業技術を総合的に体験し、資質の向上と経営能力を培う
	専攻実習Ⅱ 選択制：森林エンジニアコース	2	14	462 （160）	林業技術を総合的に体験し、資質の向上と経営能力を培う（森林作業道の測量・設計・施工や高性能林業機械による伐採・搬出）
	専攻実習Ⅱ 選択制：森林プランナーコース				林業技術を総合的に体験し、資質の向上と経営能力を培う（森林経営計画書作成、提案書の作成）
	先進農林業者等体験学習	2	5	160	出身市町村を管轄する森林組合又は先進林家において、林業経営及び森林管理に必要な現場に即した、より実践的な知識や技術を自ら行うことにより習得する

専攻実習（　）内時間数は選択コース時間数で内数

1年	55	1250
2年	48	1150
合計	103	2400

特別教育活動（農大祭・対外活動等）は
1年次150時間、2年次150時間　計300時間ある

島根県立農林大学校

免許・講習等の資格取得に関する年間スケジュール

※平成28年度教育計画より編集部が抜粋

実施時期	免許・講習等の名称と概要		林業科
5月	大型特殊自動車免許	トラクタ、建設機械車、フォークリフト等の公道運転免許	1年
6月	危険物取扱者（中・後半にも受験機会あり）	乙種、丙種。ガソリン、灯油・軽油・重油等の取扱資格	1年／2年
	小型移動式クレーン運転技能講習	つり上げ荷重1t以上5t未満の小型移動式クレーンの運転業務従事資格	1年
	ボイラー取扱技能講習	胴内径750㎜以下、長さ1300㎜以下の蒸気ボイラー、電熱面積3㎡面以下の蒸気ボイラー、14㎡以下の温水ボイラー、30㎡以下の貫流ボイラーの取扱い資格	1年／2年
7月	フォークリフト運転技能研修（後半に受験機会あり）	最大荷重1t以上のフォークリフト運転業務従事資格（但し、大型特殊自動車免許の取得者を対象）	2年
	玉掛け技能講習	最大荷重1t以上の玉掛けの業務に従事する際に必要な資格	1年
	林業架線作業主任者免許規程に基づく林業架線作業に関する講習	林業架線作業主任者免許を受けるために必要な講習（免許取得には、講習修了後2年以上の実務経験が必要）【林業架線作業主任者】伐採木の搬出に使用する機械集材装置や索道（一定規模以上のもの）の組立て、解体等を行う際に、作業方法や作業員配置の決定、作業指示・監督等の業務に従事	1年
	機械集材装置の運転業務に係る特別教育	機械集材装置の運転業務に従事する際に必要な資格	1年

実施時期	免許・講習等の名称と概要		林業科
8月	毒物劇物取扱者	農薬等の貯蔵、取り扱い資格	1年／2年
	ガス溶接技能講習	可燃性ガスと酸素を用いて行う金属の溶接、溶断または加熱の業務従事資格	1年／2年
	赤十字救急法基礎講習 赤十字救急法救急員	事故防止の知識と応急手当・救命手当の技術を身につける	1年／2年
	狩猟免許（わな猟免許）	くくりわな、はこわな、はこおとし、囲いわなを使用して狩猟をするために必要な免許	2年
10月	車両系建設機械（整地・運搬・積込み用及び掘削用）運転技能講習	車両系建設機械使用して整地・運搬・積込み又は掘削の作業に従事する際に必要な資格 （但し、大型特殊自動車免許の取得者を対象）	1年
	アーク溶接等用務 特別教育	電気の放電現象（アーク放電）を利用し、同じ金属同士をつなぎ合わせる溶接業務従事資格	1年／2年
12月	林業種苗生産事業者講習	林業種苗の生産に従事する際に必要な資格	1年
3月	森林施業プランナー 認定試験 （特別一次試験）	複数の森林所有者からの森林経営の委託を受け、森林を面的かつ継続して管理する知識と技術を身につける	2年
通年の課業履修による	伐木等の業務（大径木等）に係る特別教育	チェーンソーを使用する作業に従事する際に必要な資格	1年
	刈払機取扱作業者に対する安全衛生教育	刈払機を使用する作業に従事する際に必要な資格	1年
	車両系木材伐出機械等の運転の業務に係る特別教育	伐木等の機械、走行集材機械及び簡易架線集材装置等の運転業務に従事する際に必要な資格	1年／2年

農林大学校

(平成28年度教育計画より編集部が抜粋)

9月	10月	11月	12月	1月	2月	3月
森林資源調査	森林評価					
			森林 GIS	森林 GIS		森林 GIS
根切り	採種	仮植				苗床作り
		保育間伐			枝打ち	枝打ち 地拵え
樹木実習	樹木実習					
		病虫害診断				
標準地調査				樹幹解析		
GPS 等測量						
チェーンソー	車両系講習			分解組立		架線設計
				ワイヤスプライス	ワイヤスプライス	
	市場調査					市場調査
		採取・乾燥 原木伐採				採取・乾燥 原木玉切り
	野生キノコ採取					
		森林経営計画作成	森林経営計画作成			
	掘り取り・仮植					
		鳥獣被害対策 庭園木管理				
	作業道開設					
		在来軸組木造住宅見学				
	ホダ場管理					
体験学習						

島根県立
林業科実習計画

学年	科目	4月	5月	6月	7月	8月
1年	森林マネージメント					
	森林計画					
	林業経理					
	森林機能					
	育苗技術	播種	殺虫・殺菌	間引き・施肥	苗畑管理	
	育林技術	雪起こし		下刈り・除伐	下刈り・除伐	クズ枯殺
	樹木		樹木実習	樹木実習	樹木実習	樹木実習
	森林保護			病虫害診断	病虫害診断	病虫害診断
	森林測樹	直径・樹高		立木材積測定	伐採木材積測定	
	基本測量		コンパス測量	コンパス測量	コンパス測量	
	林業機械		刈払機	刈払機	チェーンソー	チェーンソー
	森林作業システム				林業架線	高性能林業機械
	木材利用			木材加工 製炭		
	木材流通・販売					
	森林資源活用	シイタケ植菌・乾燥	伏せ込み	ホダ場管理	ホダ場管理	
	野外活動		山菜採集			
2年	森林マネージメント		森林資源調査	提案書作成		
	森林計画					
	林業経理					
	育苗技術	床替え	苗畑管理	挿し付け	苗畑管理	
	育林技術	人工林植栽	利用間伐	下刈り・除伐	下刈り・除伐	
	森林土壌					土壌診断
	森林保護				病虫害診断	病虫害診断
	応用測量		水準測量	路線測量	路線測量	
	森林路網				作業道測量・設計	
	林業機械		間伐材搬出			
	森林作業システム				高性能林業機械間伐材搬出	
	木材利用					
	木造建築					
	森林資源活用					
	先進農林業者等体験学習					

秋田県林業大学校

研修科目及び研修達成目標　※研修カリキュラムより編集部が抜粋

テーマ	科目	達成目標
Ⅰ.森林・林業の知識と経営感覚の取得	【1】林業・木材産業の基礎	林業や木材産業に関する基礎的な知識や仕事の仕組みなどを理解し林業技術者としての見識を広める。
	【2】樹木と森林	秋田県の森林の成り立ち、構造や働きについて理解する。県内に分布する主要な樹木を識別し、生態、特徴を理解しながら健全な森林管理に必要な知識を習得する。
	【3】森林機能保全	森林の持つ様々な公益的機能を理解し、効果を高めるための施業方法を習得する。
	【4】林業経営	林業経営に関する基本的事項や森林施業提案書作成方法を学び、現場での施業を設計・提案・実行する知識を習得する。
Ⅱ.森林の造成・生産・利用の技術取得	【1】森林施業	植栽から森づくりまでの一連の作業を理解する。作業目的に対応できる基礎知識と技術を習得する。
	【2】森林調査	樹木や森林についての数量的価値を理解し、森林の現況を計測、評価する方法を習得する。
	【3】森林保護	森林の経済的価値の低下や人体に悪影響を及ぼす主要な森林病虫獣の種類と発生特性などを理解し、適切な防除・防御方法を習得する。
	【4】木材流通	原木から製品に至る木材の流通形態や価格動向、木材の利活用などについての基本的知識を習得する。
	【5】林産加工・利用	住宅建築用などに利用される樹木の特性と、あらゆる用途に応じた木材の加工技術を習得する。
	【6】林内路網	林内の道の種類と役割（性質）等理解し、配置計画・作設方法の基礎を習得する。
	【7】林業機械	林業で使用される器具・機械の種類と性能等を理解し、基本操作を習得する。
	【8】機械総合演習	林業機械等を使用した素材生産現場の仕組み等について学んだ内容を実践することで、安全作業、低コスト化へ向けた作業システム等の考え方を習得する。
	【9】林業機械資格取得	労働安全等に関する法令や趣旨を理解し、講習・教育を受け林業に必要な資格を取得する。
	【10】安全衛生	林業労働災害に関する関係法令や基本的留意事項を学び、安全作業を実践する知識と技術を習得する。
Ⅲ.資質を高めるスキルアップ研修	【1】インターンシップ	林業に関係する様々な業種での就業体験を通じて、自身の適性を見極める。
	【2】総合講座・実習	個々のスキルアップに向けた技能訓練（検定）や企画書などの作成を通して現場管理者としての資質を養う。

秋田県林業大学校

研修時限数　※研修カリキュラムより編集部が抜粋

テーマ	科目	学年	時限数				
			講義	実習	小計	講習	合計
Ⅰ. 森林・林業の知識と経営感覚の取得	【1】林業・木材産業の基礎	1	30	21	51	0	51
		2	18	0	18	0	18
	【2】樹木と森林	1	69	42	111	0	111
		2	39	42	81	0	81
	【3】森林機能保全	1	30	49	79	0	79
		2	15	49	64	0	64
	【4】林業経営	1	30	0	30	0	30
		2	78	0	78	0	78
	小計	1	159	112	271	0	271
		2	150	91	241	0	241
Ⅱ. 森林の造成・生産・利用の技術取得	【1】森林施業	1	36	70	106	0	106
		2	51	35	86	0	86
	【2】森林調査	1	45	105	150	0	150
		2	21	35	56	0	56
	【3】森林保護	1	15	28	43	0	43
		2	15	35	50	0	50
	【4】木材流通	1	21	14	35	0	35
		2	18	7	25	0	25
	【5】林産加工・利用	1	48	21	69	0	69
		2	12	21	33	0	33
	【6】林内路網	1	30	14	44	0	44
		2	21	14	35	0	35
	【7】林業機械	1	57	249	306	0	306
		2	6	150	156	0	156
	【8】機械総合演習	1	12	35	47	0	47
		2	33	217	250	0	250
	【9】林業機械資格取得	1	0	0	0	56	56
		2	0	0	0	49	49
	【10】安全衛生	1	24	7	31	3	34
		2	18	14	32	0	32
	小計	1	288	543	831	59	890
		2	195	528	723	49	772
Ⅲ. 資質を高めるスキルアップ研修	【1】インターンシップ	1	15	35	50	0	50
		2	18	196	214	0	214
	【2】総合講座・実習	1	102	7	109	0	109
		2	114	3	117	0	117
	小計	1	117	42	159	0	159
		2	132	199	331	0	331
総研修時限数		1	564	697	1,261	59	1,320
		2	477	818	1,295	49	1,344
総研修時間数		1	470	581	1,051	49	1,100
		2	398	682	1,079	41	1,120

高知県立林業学校
基礎課程年間カリキュラム（計画）
※研修カリキュラムより編集部が抜粋

その1

講義	科目名		科目内容	座学計（時間）	実習計（時間）	講義計（時間）
その他	1	オリエンテーション	入校に際しての説明や給付金・保険制度の説明	24		60
	2	短期課程	短期課程への参加	12		
	3	補習	技能講習・安全教育の補習	24		
基本能力	1	林業算術	林業でよく使う求積公式、三角関数、単位換算などの基礎	18		60
	2	情報処理	PCによるデータ入力・整理等（Word、Excel、PowerPoint）	15		
	3	林業体育	林業に必要な基礎体力の育成（山歩き、ネイチャーゲーム等）		12	
	4	林業労働災害防止	林業の労働作業に係る災害事例	9		
	5	救急救命	日本赤十字社救命講習		6	
森林生態学	1	森林科学	森林の構造、遷移、物質循環など生物学的な背景	18		18
林業技術	1	育苗・育林技術	育林の目的や目標林型に応じた様々な施業方法	9	19.5	280.5
	2	伐木・造材・集材技術	伐木・造材作業の基礎、安全なかかり木処理、小・中・大径・偏心木の伐木・造材作業	3	249	
森林計画	1	森林・林業白書解説	全国の林業の動向や事例・政策の最新情報（高知県の原木増産の事例も解説）	3		21
	2	林業経営	持続可能な集約化施業に関する企画・提案や経営を考慮した森林整備手法	6	12	
木材産業	1	木材利用	原木市場から木材の加工先まで	6	12	24
	2	木質バイオマス	木質バイオマスの利用形態	3	3	
林業機械	1	林業機械化概論	機械化の意義、目的・問題点、労働安全の概論	3	3	97.5
	2	ワイヤースプライス	ワイヤーロープの基本的な編み方	1.5	27	
	3	林業機械メンテナンス	可搬式から高性能林業機械までのメンテナンス	1.5	31.5	
	4	高性能林業機械作業システム（車両系）	作業システムの基礎知識と特徴・生産性	3	15	
	5	高性能林業機械作業システム（架線系）	作業システムの基礎知識と特徴・生産性	3	9	
森林路網・計測	1	森林情報	GPS等による測量システム	9	21	168
	2	作業道開設技術	効率的な作業システムに必要な森林路網の作設技術	3	123	
	3	林木材積測定	木材の材積測定の基礎	6	6	

高知県立林業学校
基礎課程年間カリキュラム（計画）
※研修カリキュラムより編集部が抜粋

その2

講義		科目名	科目内容	座学計（時間）	実習計（時間）	講義計（時間）
里山保全・活用	1	森林保全・環境共生論	森林保全活動と里山資源の利活用、自然公園や希少植物の紹介	3		39
	2	鳥獣害対策	鳥獣被害の現状と対策、狩猟免許取得のための入門	9	9	
	3	特用林産	食用、燃料用等の特用林産物の活用	13.5	4.5	
技能講習・安全教育	1	玉掛け【技能講習】	4t ユニック車 2.9t 吊	13	8	246
	2	小型移動式クレーン運転【技能講習】	4t ユニック車 2.9t 吊	14	8	
	3	車両系建設機械運転【技能講習】	整地・運搬・積込・掘削用（10t ホイルローダ 8t バックホウ）	14	26	
	4	不整地運搬車運転【技能講習】	不整地運搬車	8	5	
	5	フォークリフト運転【技能講習】	フォークリフト	12	25	
	6	伐木等の業務に係る『特別教育』	可搬式林業機械研修（チェンソー）	8	8	
	7	走行集材機械の運転業務に係る『特別教育』	車両系木材伐出機械（フォワーダ）	6	6	
	8	伐木等機械の運転業務に係る『特別教育』	車両系木材伐出機械（ハーベスタ）	6	6	
	9	簡易架線装置等の運転業務に係る『特別教育』	車両系木材伐出機械（スイングヤーダ）	6	8	
	10	機械集材装置運転業務『特別教育』	架線集材機	6	8	
	11	刈払機取扱作業者「安全衛生教育」	可搬式林業機械研修（刈払機）	3	3	
	12	はい作業従事者「安全教育」	はい作業	5		
	13	測量設計技術	低コスト化に必要な測量技術の解説及び実習	13	21	
就業活動	1	インターンシップ	各事業体での就業体験		240	294
	2	インターンシップ報告会	就業体験の報告に係る準備・発表	6	6	
	3	就業相談会	高知県内の就業先に係る直接的な相談会		12	
	4	林業学校修了報告会	林業学校の修了報告に係る準備・発表	24	6	
計（講義計に対する割合）				349.5（26.7%）	958.5（73.3%）	1308.0（100%）

京都府立林業大学校　教育体制

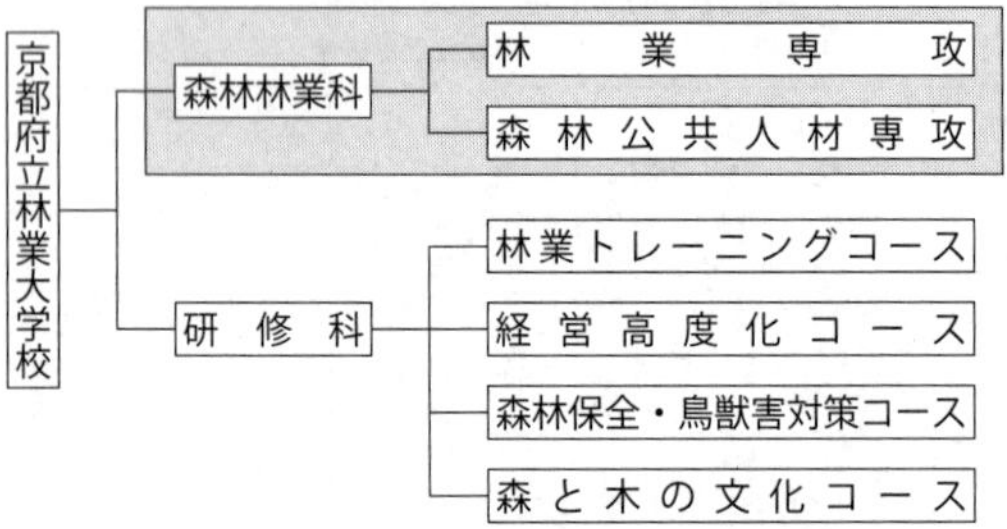

「やま」型人間を目指す京都府立林業大学校

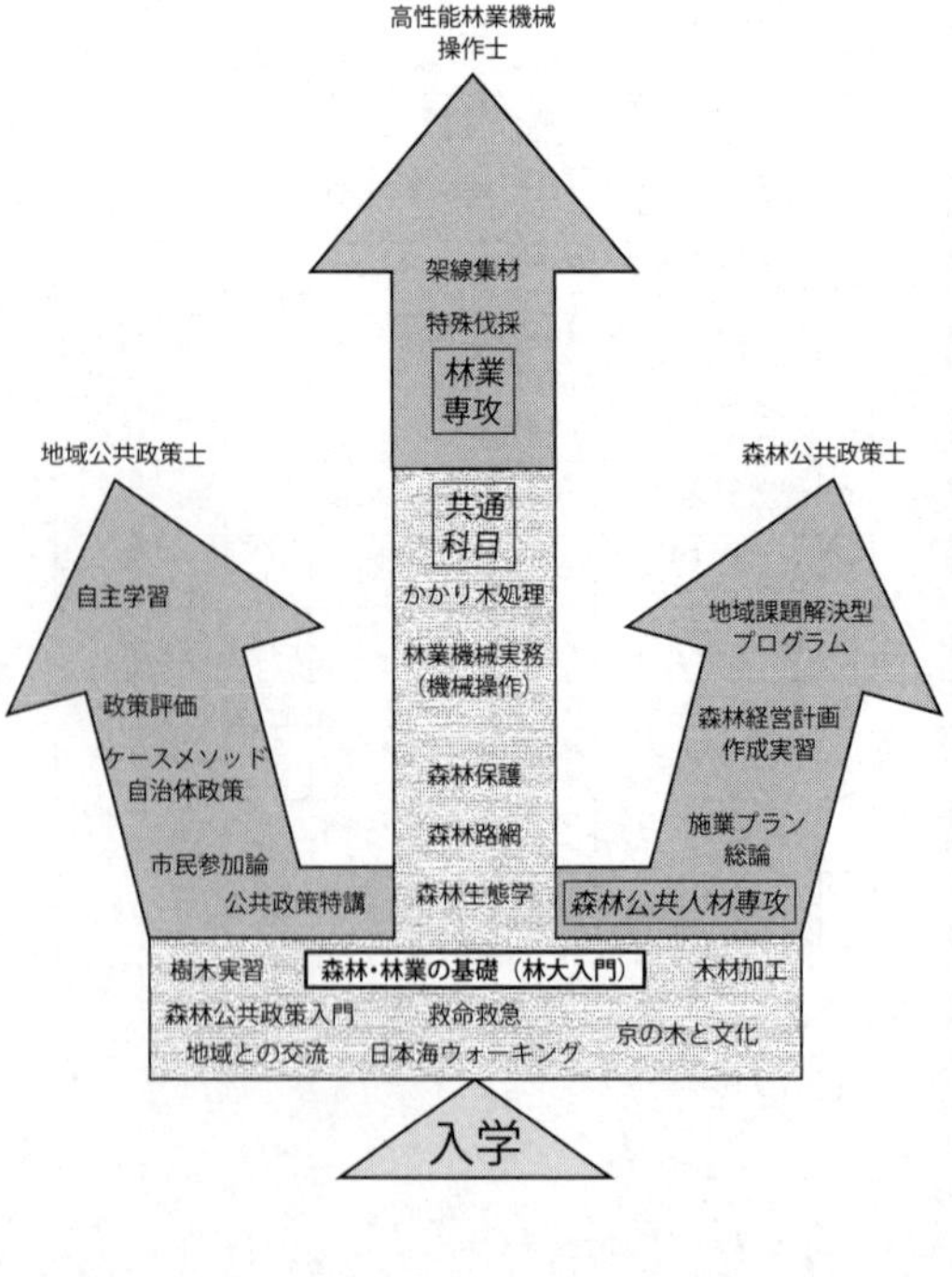

京都府立林業大学校カリキュラム

その1

区分	科目名	時限数（1時限は1.5時間）				科目内容	評価タイプ
		1前	1後	2前	2後		
1 森林科学	森林科学1	15				森林の構造、遷移、物質循環を学び、森林の将来像を描く基礎知識を解説する。	座学（テストあり）
	森林科学2	15				植物・土壌・地質・地形の基礎を学び、それらの関連を解説する。	座学（テストあり）
	森林風致実習		15			森林風致に関する基礎的な知識の修得と森林施業との関係の理解。	実習（学習態度も含む）
	森林科学実習		15			人工林（スギ・ヒノキ）天然生林（コナラ・クロモジ）人工林内のギャップ（台風被害地）等の植生調査・樹幹解析を行い、草本を含めた森林の現場を理解する。	実習（学習態度も含む）
2 育林技術	育林技術1	9	6			単層林施業の育林体系を学び施業種を実習で体験する。	座学（テストあり）
	育林技術2			6	9	多様な森林整備（広葉樹施業、混交林施業、天然生林施業、環境適応型植栽）の技術を修得する。	実習（学習態度も含む）
	育苗技術	10	10			造林樹木の育苗と管理技術を修得し、実生・挿し木どちらからでも苗木を育成できる人材を養成する。	座学（外部講師による講義と評価）
	樹木実習1	15	12			自然分布や人為的に植栽された樹木を識別し、多様な用途に利用されている樹木50種類以上の種を覚える。	座学（テストあり）
	樹木実習2			14		自然分布や人為的に植栽された樹木を識別し、多様な用途に利用されている樹木200種類の名前を覚える。	座学（テストあり）
3 森林・林業経営	森林・林業政策				12	国及び府の森林・林業政策及び、森林の適正管理の制度などを解説する。	座学（テストあり）
	世界の森林と林業		6	33		世界各国の森林・林業に学ぶ。特に海外研修の訪問先（ドイツ）について事前学習を行い、理解を深める。	実習（学習態度も含む）
	森林・林業白書解説		15			森林・林業に関する全国的な動向を把握し、今後の展開について考える力を養う。	実習（学習態度も含む）
	林業経営1		15			林業経営の概要について学習の上、持続的な林業経営について学ぶ。	座学（テストあり）
	林業経営2			16		模範的な林業経営を学び、これからの林業経営を考える参考にする。	実習（学習態度も含む）
	林業経営3			15		森林施業プランナに必要なコスト分析について学ぶ。	座学（テストあり）
	森林計画概論		10			森林計画の概要及び森林計画に密接に関わる事項について学ぶ。	座学（テストあり）
	森林計画演習		17			森林計画に必用な知識及び技能を実習で学ぶ【三行脈型濃密実習】。	実習（学習態度も含む）
	森林経営計画作成実習				30	森林経営計画作成の実際を実習する。	実習（学習態度も含む）
	森林施業プランナー総論				13	林業大学校での講義を振り返り、森林施業プランナーに必用な知識を総復讐する。	座学（テストあり）

京都府立林業大学校カリキュラム

その２

区分	科目名	時限数（１時限は 1.5 時間）				科目内容	評価タイプ
		１前	１後	２前	２後		
４ 木材利用	木材加工１		17			木材の細胞構造、物質特性（比重、含水率）、機械的特性（弾性、強度）等の木材の基本事項を解説。	座学（テストあり）
	木材加工２			14		エンジニアードウッド（合板、LVL、集成材等）の製造方法、用途や防蟻、防腐など技術を解説。	座学（テストあり）
	木材コーディネート１		15			森林資源を最終消費者に届けるまでの木材流通全般を理解し、木材コーディネーターとしての基礎的な能力を身につける（立木～製品）。	座学（外部講師による講義と評価）
	木材コーディネート２			15		森林資源を最終消費者に届けるまでの木材流通全般を理解し、木材コーディネーターとしての基礎的な能力を身につける（製品～住宅）。	座学（外部講師による講義と評価）
	木材産業			15	15	木材の加工から住宅利用まで木材産業に関する解説。	実習（学習態度も含む）
	木造建築				15	木材利用の中心となる木造住宅の基礎的知識の修得。	実習（学習態度も含む）
	京の木と文化	6	9			寺社修復現場や和紙・漆等優れた林産物利用の生産現場に出向き、加工技術伝承者から伝統的な建築・工芸などの木や文化について学ぶ。	実習（学習態度も含む）
５ 林業機械	林業機械実務１	16				労働安全衛生規則第 36 条第８号に掲げる義務に係る特別教育（チェーンソー、刈り払い機の技術講習）。	座学（実習等に資格が必要となるものの講義）
	林業機械実務２	20				労働安全衛生規則第 36 条第６号及び７号に掲げる義務に係る特別教育（機械集材装置、伐木等機械の運転の義務・走行集材機械の義務・簡易架線集材装置等の運転の義務）。	座学（実習等に資格が必要となるものの講義）
	林業機械実務３	27				労働安全衛生規則第 76 条に掲げる技能講習（車両系建設機械（整地、運搬、積み込み用、掘削用）運転技能講習）。	座学（実習等に資格が必要となるものの講義）
	林業機械実務４	10				労働安全衛生規則第 76 条に掲げる技能講習（不整地運搬車運転技能講習）。	座学（実習等に資格が必要となるものの講義）
	林業機械実務５	26				労働安全衛生規則第 76 条に掲げる技能講習（玉掛け技能講習、小型移動式クレーン運転技能講習）。	座学（実習等に資格が必要となるものの講義）
	林業機械化概論	15				林業機械化の意義、目的・問題点、労働安全衛生など林業機械の概論を解説。	実習（学習態度も含む）
	高性能林業機械作業システム（車両系）		16			車両系の高性能林業機械の労働安全、各種作業システムの特徴と生産性を解説。	実習（学習態度も含む）

京都府立林業大学校カリキュラム

その3

区分	科目名	時限数（1時限は1.5時間）				科目内容	評価タイプ
		1前	1後	2前	2後		
5 林業機械	高性能林業機械作業システム（架線系）			15		架線系の高性能林業機械の基礎知識、安全作業、実践技能を解説する。	実習（学習態度も含む）
	刈り払い作業実習	16				安全作業のための刈り払い機操作実習。	実習（学習態度も含む）
	伐木・造材実習1	42	12			伐木・造材作業の基礎知識、安全について演習。	実習（学習態度も含む）
	伐木・造材実習2		16			安全なかかり木処理の実習。	実習（学習態度も含む）
	伐木・造材実習3			21		特殊な立木の伐木、造材作業の実習。	実習（学習態度も含む）
	高性能林業機械操作士 機械操作実習（車両系）		20			ハーベスタ、スイングヤーダ、グラップル、フォワーダなど車両系高性能林業機械の技術取得。	実習（学習態度も含む）
	高性能林業機械操作士 機械操作実習（架線系）			40		タワーヤーダ、ハーベスタ、集材機などの架線系高性能林業機械の技術取得。	実習（学習態度も含む）
	高性能林業機械操作士 搬出システム実習		20			車両系、集材系の高性能林業機械を活用した総合的な搬出システムの演習。	実習（学習態度も含む）
	高性能林業機械操作士 総合実習				20	高性能林業機械操作の総合演習。	座学（実習等に資格が必要となるものの講義）
6 森林路網・森林計測	森林計測	15				測量についての基本的な知識・技術を修得する。	座学（テストあり）
	森林計測実習1		16			森林の現況等を正確に把握するための測量技術を修得する。	実習（学習態度も含む）
	森林計測実習2		16			森林作業路の開設に必要な測量と図化の実践的技術の演習。	実習（学習態度も含む）
	森林路網		16			森林路網の必要性、路網計画、作設方法等の基礎技術を学ぶ。	実習（学習態度も含む）
	森林作業道作設実習1		17			森林路網作設の汎用機械であるバックホウの実践的な操作技術の演習【三行脈型濃密実習】	実習（学習態度も含む）
	森林作業道作設実習2			24		現地における伐開から路網の作設、管理手法まで森林作業道の総合的な作設技術の実習。	実習（学習態度も含む）
7 里山保全・活用	モデルフォレスト論		16			多様な森林の利用に応える森づくりの手法を学び、市民参加の森林保全活動を支援する技術力、企画力を養成する。	実習（学習態度も含む）
	森林保護		16			森林病害虫に関する基礎知識を解説。	座学（テストあり）
	鳥獣被害対策		16			鳥獣被害の現状と対策を学び、狩猟免許取得のための入門学習を行う。	座学（テストあり）

京都府立林業大学校カリキュラム

その4

区分	科目名	時限数（1時限は1.5時間）				科目内容	評価タイプ
		1前	1後	2前	2後		
7 里山保全・活用	特用林産		20			食用、燃料用等の特用林産物の活用について解説。	座学（テストあり）
	森林機能保全			15		森林の災害防止機能と災害のメカニズム、その対策について実践的な解説、演習。	座学（テストあり）
8 公共人材	森林公共政策入門	13				林大生が公共政策学を学ぶにあたり、知っておくべき公共政策学の基本を学ぶ。	実習（学習態度も含む）
	人・里・山交流実習	8	8			農山村で実施される地域興し活動に参加し、公共政策の実践と実状を学ぶ。	実習（学習態度も含む）
9 基本能力	林業算術	15				森林・林業でよく使う求積公式、三角関数、統計、単位換算などの数学の基礎を演習。	座学（テストあり）
	森林・林業の基礎（林大入門）	16				講義・実習の出発点として、森林・林業・木材の基本事項を学ぶ。	座学（テストあり）
	情報処理	8				データ整理や施業提案等に必要な情報処理の演習（Word、Excel、Powerpointによるプレゼン資料作成）	座学（テストあり）
	救急救命	15				林業の現場で必要な救急救命を学ぶ（日本赤十字社救急救命講習）。	座学（実習等に資格が必要となるものの講義）
	林業体育	6	4	4		林業に必要な基礎体力を、山仕事等の実践により養成する。薪割り、山歩き、ティンバースポーツ、筏流しなど。	-
	基本能力特別講義			2	6	キャップストーン研修、卒業研究に必要な論文作成、プレゼンテーションの手法及び職場のコミュニケーションを学ぶ。	実習（学習態度も含む）
計		338	391	249	120		

キャップストーン研修				128	卒業後に必要となる実践的な能力の養成と実社会への適応力の向上のために行われる実務体験研修。	総合的に評価
卒業研究				80	キャップストーン研修等で体験した問題点の改善策・解決策を研究し、成果をまとめる。	総合的に評価
計	0	0	0	208		
合計	338	391	249	328		

本書の著者・編集協力

宮野 順一
秋田県林業研究研修センター　研修普及指導室
主幹
事例編 1

吉川 達也
長野県林業大学校教授
事例編 2

志方 隆司
京都府立林業大学校教授
事例編 3

古曳 正樹
島根県立農林大学校教授
事例編 4

山下 博
高知県林業振興・環境部　森づくり推進課
チーフ（担い手対策担当）

遠山 純人
高知県林業振興・環境部　森づくり推進課
チーフ（林業学校担当）
事例編 5

所属は執筆時

林業改良普及双書 No.185

「定着する人材」育成方法の研究
－林業大学校の地域型教育モデル

2017年2月20日　初版発行

編著者 —— 全国林業改良普及協会
発行者 —— 渡辺政一
発行所 —— 全国林業改良普及協会
〒107-0052 東京都港区赤坂1-9-13 三会堂ビル
電 話　03-3583-8461
FAX　03-3583-8465
注文FAX　03-3584-9126
H P　http://www.ringyou.or.jp/

装　幀 —— 野沢清子（株式会社エス・アンド・ピー）
印刷・製本 — 松尾印刷株式会社

2017 Printed in Japan
ISBN978-4-88138-345-2

林業改良普及双書　既刊

186 椎野先生の「林業ロジスティクスゼミ」
ロジスティクスから考える林業サプライチェーン構築
椎野　潤　著
ロジスティクスの視点でみる、サプライチェーン・マネジメントの効用。わが国の林業の未来戦略を読み解く。

185 「定着する人材」育成手法の研究
―林業大学校の地域型教育モデル
全林協　編
若い人材育成と定着を目標に、教育機関ではカリキュラムの工夫や特色を打ち出し、地域と一体となって取り組む事例を紹介。

184 主伐時代に備える
―皆伐施業ガイドラインから再造林まで
全林協　編
皆伐施業の意味を知り、林業を持続させるための再造林について各地域の活発な事例を紹介。

183 林業イノベーション
―林業と社会の豊かな関係を目指して
長谷川尚史　著
林業の技術、システムや流通、それらのデータや分析など、日本林業のイノベーションの方向性と効果を分析し、整理した一冊。

182 木質バイオマス熱利用でエネルギーの地産地消
相川高信、伊藤幸男ほか　共著
地域の材と人材で地域に熱エネルギーを供給するという新たな産業の、事業から個別施設での事業化など実践例を紹介。

181 林地残材を集めるしくみ
酒井秀夫ほか　共著
林地残材を効率よく集荷し、地域レベルで利活用する。事業化や行政の支援など、実践事例を紹介。

180 中間土場の役割と機能
遠藤日雄、酒井秀夫ほか　著
造材・仕分け、ストック、配給、在庫調整、管理組織整備による価格交渉、与信、情報共有の機能を各地の事例から紹介。

179 スギ大径材利用の課題と新たな技術開発
遠藤日雄ほか　著
大径材活用の方策と市場のゆくえを整理し、「積層接着合わせ梁材」等、各地で進む新たな木材加工技術開発を探る。

178 コンテナ苗　その特長と造林方法
山田　健ほか　著
期待されるコンテナ苗。その特長から育苗方法、造林方法、省力・低コスト造林の手法まで理解する最新情報をまとめた。

※定価／No.145～186：本体1,100円+税、他は本体923円+税

177
協議会・センター方式による所有者取りまとめ—森林経営計画作成に向けて
全林協 編
協議会・センターなどの地域ぐるみの連携組織で、取りまとめや集約化、森林経営計画作成等を行う効率的実践手法。

176
竹林整備と竹材・タケノコ利用のすすめ方
全林協 編
放置竹林をタケノコ産地、竹材・竹炭・竹パウダー、整備を行い市民のフィールドとして活用する等の事例を紹介。

175
事例に見る　公共建築木造化の事業戦略
全林協 編
予算確保、設計・施工工夫、耐火、設計条件規制のクリアなど、公共建築物の木造化・木質化に見る課題と実践ノウハウ。

174
林家と地域が主役の「森林経営計画」
後藤國利　藤野正也 共著
森林経営計画制度と間伐補助について、どのように活用するか、実践者の視点でまとめた。

173
将来木施業と径級管理—その方法と効果
藤森隆郎 編著
従来の密度管理の考えではなく目標径級を決めて行う「将来木施業」とは何かを、事例を紹介しながら解説。

172
低コスト造林・育林技術最前線
全林協 編
伐採跡地の更新をどうするか。人工造林による持続する森づくりのための低コスト技術による実証研究を概観。

171
バイオマス材収入から始める副業的自伐林業
中嶋健造 編著
地域ぐるみで実践する「副業的自伐林業」。収益実現が可能な仕組みと地域興しへの繋がりを紹介。

170
林業Q&A　その疑問にズバリ答えます
全林協 編
林業関係者ならではの疑問・悩みに、全国のエキスパートが聞き役となり実践的にアドバイス。

169
「森林・林業再生プラン」で林業はこう変わる！
全林協 編
再生プランを地域経営、事業体経営にどう生かすか。経営戦略、施業、材の営業・販売の実践例。

168
獣害対策最前線
全国林業改良普及協会 編
シカ、イノシシ、サル、クマなどの獣害に悩み、解決に向けて懸命の活動をつづける現地からの最前線レポート。

167
木質エネルギービジネスの展望
熊崎　実 著
海外の事情も紹介しながら木質エネルギービジネスについて展望したもので、新しい技術も解説している。

166
普及パワーの施業集約化
林業普及指導員＋全林協 編著
団地化、施業集約化に向けての林業再生戦略を普及活動の主導により進める手法について、実践例を基に紹介。

165
変わる住宅建築と国産材流通
赤堀楠雄 著
住宅建築をめぐる状況や木材の加工・流通などがどう変わってきたのかを、現場の取材を踏まえて明らかにする。

164
森林吸収源、カーボン・オフセットへの取り組み
小林紀之 編著
地球温暖化対策の流れとともに、拡がる森林吸収源の活用、カーボン・オフセットなどへの取り組みを紹介。

163
間伐と目標林型を考える
藤森隆郎 著
管理目標を「目標林型」として具体的に設定するための考え方、そこへ向かう過程としてのよりよい間伐を解説。

162
森林の境界確認と団地化
志賀和人 編著
森林整備の鍵を握る境界確認と団地化について整理するとともに、全国7地域の取り組みを紹介。

161
普及パワーの地域戦略
林業普及指導員＋全林協 編著
地域における普及実践活動の記録である。集約化・団地化施業、地域活性化、獣害・災害対策の3編構成。

160
森林づくり活動の評価手法
—企業等の森林づくりに向けて
宮林茂幸 編著
森林づくり活動を定量的、定性的に評価する方法を紹介したもので、企業、市民等の意識をさらに醸成してゆく。

159 大橋慶三郎 道づくりと経営

大橋慶三郎 著

道づくりの第一人者、大橋慶三郎氏が、林業生活60年で学んだ山の道づくりと経営について、その神髄をまとめた。

158 地域の力を創る——普及が林業を変える

白石善也 著

地域の力をまとめ、ビジネスモデルを発掘・普及し、地域型技術の合意形成、課題解決をはかる普及手法を紹介。

157 ナラ枯れと里山の健康

黒田慶子 編著

被害が拡大しつづけているナラ枯れについて、その原因と里山での対策をやさしく解説する。

156 GISと地域の森林管理

松村直人 編著

森林管理にGIS等を使いこなす各地の取り組みと課題、可能性を紹介し、新たな森林管理を探る。

155 車いす林業 仕掛け人交流記

白松博之 著

車いすで、交流・滞在・定住の仕掛けづくりに奔走する林家の実践記。間伐材魚礁、「あったか村」にも取り組む。

154 列状間伐の考え方と実践

植木達人 編著

列状間伐の種類、条件、課題などとともに、工夫・改善を凝らしながら取り組んでいる各地の事例を紹介。

153 長伐期林を解き明かす

全林協 編

長伐期林を徹底分析。画一的な長伐期化を避け、長伐期林のメリットを活かす途を探る。

152 森をささえる土壌の世界

有光一登 著

森林生態系の中で重要な役割を果たしている土壌のはなしを、現場の技術者や一般市民にもわかりやすく解説。

151 まちの樹クリニック

神庭正則 著

庭や公園・道路など、まちで見られる樹木の診断・治療に長年あたってきた樹木医の実践記録。

150 ゼロ災で低コスト林業に挑む—林業わが天職　泉　忠義 著
素材生産に携わって半世紀。ゼロ災と低コスト林業に挑む泉社長が、素材生産や機械化、流通改革などを熱い思いで綴る。

149 森林バイオマス最前線　大場龍夫 著
研究段階から事業段階へ移行した木質バイオマスの最新動向を紹介。導入事例を中心にした実践派のための書。

148 タケと竹を活かす—タケの生態・管理と竹の利用　内村悦三 著
タケと竹を甦らせるために、タケの特性、タケ林の生態、新しい管理法とともに、最近の竹の利用を広範囲にまとめたもの。

147 地域材の家づくりネットワーク　緑の列島ネットワーク 編
近くの山の木で家をつくる各地のグループが自らの活動を報告するとともに、これからの家づくりを語り合う。

146 森林認証と林業・木材産業　全林協 編
森林認証がどのような背景で誕生し増えているのかを明らかにするとともに、今後の林業・木材産業のありかたを探る。

145 森の時間に学ぶ森づくり　谷本丈夫 著
世界・日本各地の森林植生を調査してきた著者が、森林の立場から森林づくりの必要性を述べた待望の書。

144 温暖化対策交渉と森林　吸収源対策研究会 編
地球温暖化対策のCOPでは、CO_2の吸収源として森林がどう評価されたのか。交渉経緯、国内対策、課題などを紹介。

143 地球環境保全と木材利用　大熊幹章 著
地球環境を守り、循環型社会を築いていく上で木材と木材の利用がいかに重要か、豊富なデータでわかりやすく説く。

142 森林療法序説—森の癒しことはじめ　上原　巌 著
「森林活動が知的障害者および健常者に与える心理的効果」を研究してきた著者が、林学・福祉・医学の立場からまとめている。

141
スギの行くべき道
遠藤日雄 著
現在のスギを中心にした木材産業政策はKD（人工乾燥）化と集成材化の二つの道を追求すべきではないかと提案。

140
ニュータイプのきのこたち
吉良今朝芳 著
エリンギ、ハタケシメジ、ヒメマツタケ、キヌガサタケなど、新たなきのこの栽培技術と経営事例を解説。

139
木と森の快適さを科学する
宮崎良文 著
木材や木造住宅、森林浴の快適性を、人の血圧や脳活動などの生理学的数値で科学的に分析している。

138
きのこと健康
菅原龍幸 著
きのこはなぜ身体にいいのか、美味しさの秘密は何か、きのこを栄養学の面から分析する科学エッセイ集。

137
21世紀の地域森林管理
志賀和人 編著
これからの森林管理について、欧州諸国の制度との比較から考察するとともに、管理主体のありかた・方向性を、各地の事例から探る。

136
木と森の総合学習
山下晃功 著
地域に開かれた大学として、公開講座「木工教室」を長年にわたり運営してきた著者が語る「木と森の総合学習」のすすめ。

135
木質バイオマス発電への期待
熊崎 実 著
北欧諸国などで電力・地域暖房などとして用いられている、木質バイオマスエネルギーの利用について、その考え方と実態・課題を紹介。

134
山の法律相談室
藤本 猛 著
森林組合の運営、山林の境界、損害賠償、相続・贈与などの悩みに弁護士が具体的に答える。

133
「全天候型」林業経営への挑戦
伊藤信夫 著
天竜林業地で、どんな状況でも安定経営に持っていける「全天候型」の経営戦略を立て実践してきた林家50年間の記録。

全林協の本

林業改良普及双書 No.184
主伐時代に備える－皆伐施業ガイドラインから再造林まで
全国林業改良普及協会 編
ISBN978-4-88138-344-5
定価：本体1,100円＋税
新書判　216頁

林業改良普及双書 No.186
椎野先生の「林業ロジスティクスゼミ」
ロジスティクスから考える林業サプライチェーン構築
椎野 潤 著
ISBN978-4-88138-346-9
定価：本体1,100円＋税
新書判　184頁

木材とお宝植物で収入を上げる
高齢里山林の林業経営術
津布久 隆 著
ISBN978-4-88138-343-8
定価：本体2,300円＋税
B5判　160頁オールカラー

林業現場人　道具と技 Vol.15
特集　難しい木の伐倒方法
全国林業改良普及協会 編
ISBN978-4-88138-340-7
定価：本体1,800円＋税
B5判　120頁（一部モノクロ）

読む「植物図鑑」Vol.3
樹木・野草から森の生活文化
川尻秀樹 著
ISBN978-4-88138-338-4
定価：本体2,000円＋税
四六判　300頁

読む「植物図鑑」Vol.4
樹木・野草から森の生活文化
川尻秀樹 著
ISBN978-4-88138-339-1
定価：本体2,000円＋税
四六判　348頁

林業現場人　道具と技 Vol.14
特集　搬出間伐の段取り術
全国林業改良普及協会 編
ISBN978-4-88138-336-0
定価：本体1,800円＋税
B5判　120頁（一部モノクロ）

林家が教える
山の手づくりアイデア集
全国林業改良普及協会 編
ISBN978-4-88138-335-3
定価：本体2,200円＋税
B5判　208頁オールカラー

森林経営計画がわかる本
森林経営計画ガイドブック
森林計画研究会 編
全国林業改良普及協会 発行
ISBN978-4-88138-334-6
定価：本体3,500円＋税
B5判　280頁

林業労働安全衛生推進テキスト
小林繁男、広部伸二 編著
ISBN978-4-88138-330-8
定価：本体3,334円＋税
B5判　160頁カラー

空師・和氣 邁が語る
特殊伐採の技と心
和氣 邁 著　杉山 要 聞き手
ISBN978-4-88138-327-8
定価：本体1,800円＋税
A5判　128頁

New 自伐型林業のすすめ
中嶋健造 編著
ISBN978-4-88138-324-7
定価：本体1,800円＋税
A5判　口絵8頁＋160頁

お申し込みは、
オンライン・FAX・お電話で
直接下記へどうぞ。
（代金は本到着後のお支払いです）

全国林業改良普及協会
〒107-0052
東京都港区赤坂1-9-13　三会堂ビル
TEL 03-3583-8461
ご注文FAX 03-3584-9126
送料は一律350円。
5,000円以上お買い上げの場合は無料。
ホームページもご覧ください。
http://www.ringyou.or.jp